JN245548

山浦陽一
中塚雅也
筒井一伸
編著

地域づくりのやる気学

農文協

はしがき

本書のタイトルは、「地域づくりのやる気学」である。なぜあなたはこの本を手に取ったのだろうか。

たぶん、2つの可能性がある。ひとつは、あなたが現在何らかの地域づくりの活動に関わっているが、前向きな気持ちだけでは取り組めていない、というケース。地域のためにという気持ちはあるし、仲間との活動は楽しい。一方で生活も忙しく、負担感もある。かといって、自分が率先して組織を改革するような熱量はない。地域にお邪魔すると、このような葛藤を抱えている人に出会うことがある。あなたも地域づくりにどう向き合えばよいのか、どうすればよりいきいきと前向きに取り組めるか、そのヒントがこの本にあるかもしれない、と手に取ってくれたのではないだろうか。

もうひとつは、あなた自身は熱心に取り組んでいるが、まわりのメンバーとは温度差があり、どうすればよいか悩んでいる人。もしくはそもそも仲間が見つからず孤軍奮闘している人。例えば、近年自治会やＰＴＡでは加入率が低下しているし、民生委員や消防団も定員充足率が下がっている。地域運営組織も、活動の参加者確保や住民の当事者意識、後継者育成が大きな課題とされている。本書で取り上げる土地改良区や介護予防カフェ、地域の草刈り、集落営農などでも事情は似ている。リーダー、世話役としてそのメンバーにどう接すればよいか、活動を見直すポイントは何なのか、そもそもメンバーは活動や組織に対してどう思っているのか、その理由は何なのかを考える手がかりを求めているのではないだろうか。

であればどちらも大正解である。この本は、まずは前者の葛藤を抱えている方に対して、その気持ちの出どころ、原因を一緒に考え、その上で折り合いの付け方、付き合い方を提案する。そしてその裏返しとして、仲間のやる気や意欲について悩んでいる人に対しても、その理由や背景を整理したうえで、やる気を引き出すコツや工夫を共有する。

したがって、本書の特徴として、内容に派手さはない。本書では様々な事例を紹介するが、主役はカリスマリーダーでもスーパー公務員でもないし、心躍る波乱万丈のサクセスストーリーも重視していない。またそもそも、本書は気の持ちよう、折り合いの付け方がメインのテーマであり、あなたに、より熱心な活動を無理に勧めるつもりもない。ということで、身構えず力を抜いて、各事例の登場人物のやる気や動機に触れながら、まずは「そうそう」「あるある」と感じてもらえればありがたい。

もちろん、本書を通じて気持ちの整理がついて、地域づくりに前向きになることは大歓迎である。特に後者のリーダー側の方には、本書とほぼ同じ執筆陣で、地域で活躍する人材をどう育成するか、という本を既に書いているので、本書の姉妹編としてぜひ手に取ってもらいたい（中塚雅也・山浦陽一編著（2022）『地域人材を育てる手法』農山漁村文化協会）。

さらに、実は先の2つ以外に本書が想定する読者がいる。地域づくりの研究者である。おそらく研究者がこの本を読むと、ある種の違和感をもつはずである。その違和感の共有と新しい研究の視点の発見が本書の3つ目の役割である。

地域づくりをめぐっては、「内発的発展」や「地域内再投資」「人口1%戦略」など、地域の方向性を示す大きなコンセプトは出揃いつつある。論点や研究課題は、「プロセス重視」や「knowing-how」など、コンセプトや戦略をどう具体的な活動や組織運営で体現していくかに移りつつある。このことは、突き詰めていくと「地域、組織、リーダー、行政」などから、「住民、参加者、メンバー、スタッフ」に、研究の関心がシフトすることを意味する。

本書は上述したように、まずは地域づくりのプレーヤー、実践者を読者として想定しているが、研究者にとっては、この「主語」の切り替えのテキスト、研究のサンプルとして読むことができる。これまで地域や組織を主語にし、リーダーや行政職員を意識して地域をみてきた研究者にとっては、本書の視点や構図に違和感、不自然さがあるはずである。もしそうだとすると、それは研究上の無意識の「くせ」、バイアスであり、その自覚と調整が必要ではないだろうか。本書は研究者がその「くせ」を自覚し、プロセスや「how」を考える際の視点を整える効果も狙っている。

なお本書の執筆者たちも、これまで地域や組織を主語に、リーダーや行政職員を意識した研究をしてきた。一方で、それぞれが大学などに籍を置きつつも、リノベーションした古民家に住み、住民のひとりとして各種の「役」を担い、伝統行事に参加し、さらに学生の活動拠点を整備し、地場の中小企業や地域組織の相談に乗り、移住起業支援プログラムを企画運営するなど、プレーヤーとしても何らかの地域づくりに関わるメンバーが多い。巻末の執筆者プロフィールでもその一端を紹介している。常に現場に身を置き、行政や地域リーダー以外の「住民、参加者、メンバー、スタッフ」の様子や気持ちにも日頃から接しており、本書のコンセプトを表現するにふさわしいメンバーが揃ったと自負している。

ではさっそく新しい視点で地域づくりの現場をみにいこう。

編著者　山浦陽一・中塚雅也・筒井一伸

目次

第3章　地域福祉活動への参加を持続させる「ごちゃまぜ」動機　山浦陽一……39

第4章　草刈り隊への参加動機の「複線化」　木原奈穂子……55

第5章　農泊受け入れ家庭のやる気を持続させる「心からの交流」　須藤珠里・筒井一伸……70

第1章

地域づくりの「やる気学」の必要性

1 なぜ「普通の人」の「やる気」なのか？

本書のテーマは、「普通の人」の地域づくり論である。「普通の人」とは、いわゆるカリスマリーダーやスーパーマンではない一般の活動参加者、組織のメンバーを指す。肩書きは会長や代表、事務局長であっても、順番や当て職などで消極的にその地位にある場合も含む。活動をけん引するパワフルな地域リーダーや、組織の中心となって運営する敏腕マネージャー、また斬新な事業を推進する「スーパー公務員」や、思いもつかない事業を展開するハイスペックな移住者などと対比して用いている。

その「普通の人」は、地域づくりをめぐる各種の議論では存在感は薄いが、言うまでもなく人数は圧倒的に多い。例えば自治会の数は全国で約30万あり、それぞれ何十人、何百人という構成員がいる。役員に限っても、１つの自治会に正副会長、書記や会計など最低でも４～５人はいるはずである。単純に計算すれば、自治会役員だけでも１２０万人～１５０万人という人数となる。さらに全国に消防団は80万人、民生委員は20万人いる。それ以外にも農協や商工会、観光協会、商店街など業界別の組織、ＰＴＡや老人クラブ、婦人会などの属性、年齢や性別の各種団体、ＮＰＯや市民活動なども含めて多様な地域づくりの形があり、それぞれに「普通の人」が所属し、活動している。その圧倒的多数を占める「普通の人」に焦点を当てたい、というのが本書のひとつ目のコンセプトである。

次に本書での「地域づくり」は、営利、非営利を問わず、特定の地域の持続、発展を意識した様々な分野の活動、事業全般を指すが、本書では参加の形式に注目する。企業や行政のように契約や取引、雇用関係などよりも、推薦、紹介、慣習による勧誘や依頼、自身での立候補など、相対的に「緩い関係」のなかで運営されている活動、組織の参加者を念頭に置き議論をすすめる。

関連して、本書が重視するのが「やる気」である。地域づくりの緩い関係のなかでは、本来活動への参加は強制されず、本人の意志、気持ち、やる気が重要になる。しかし「地域での支え合いは大事だけど、何で自分が…」「せっかく仕事の都合をつけて参加しているのに、参加して当たり前だと思われるとなんかもやもやする…」「頼まれて引き受けたのに、いちいち細かく口を出されてやる気がなくなる…」「本当は断りたかったけど、何を言われるかわからないし…」、会議や作業の合間にこのような後ろ向きな声を聞くことがある。

特に自治会やＰＴＡ、消防団など、自分や家族が所属する組織、生活するエリアの助け合い、互助的組織として位置づけられ、当事者のひとりとして参加を当然とする雰囲気がある活動、組織も多い。当て職、持ち回り、順番、くじ引き、動員、人間関係などで、消極的に「役」を引き受ける人も多いはずである。

大分県内のある市で自治会長に取ったアンケート結果がある。[注1]それによると、就任の経緯は「推薦」53・1％、「順番」30・9％と、この2つが圧倒的に多く、主体的に立候補したのは1人（1・2％）となっている。図1-1に示したように、活動の動機は地域への愛着が過半を占めるが、義務感も3割に上る。やる気は「高い」とする人が64・2％、52人いる一方で、「低い」とした人も17・3％、14人いる。その「低い」とした自治会長の約半数は、愛着ではなく義務感が動機の過半を占める。そして、意欲が高い人も含め全体の60・5％が業務に負担を感じている。地域のために必要なこと、良いことだと思っていても積極的になれず、「やらされ感」があり、波風を立てず早く任期が終わるのを待つ、という方も少なくないのではないだろうか。

他方で、同じ分野や地域であっても、積極的にいきいきと活動している人もいる。背景には、まず本人のその分野に対する関心や地域への愛着、活動内容や報酬への

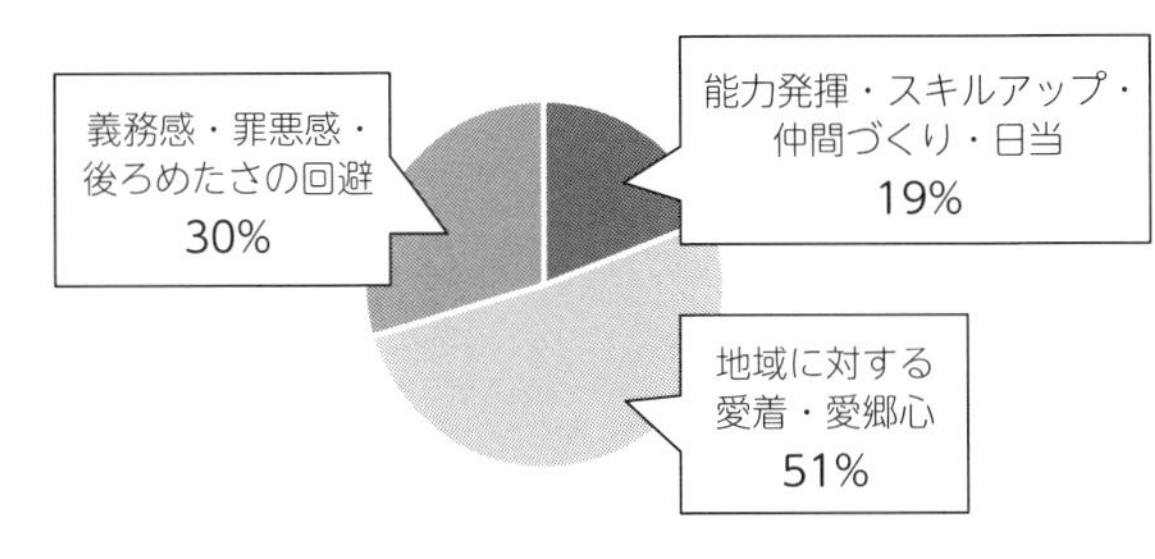

図 1-1　A 市における自治会長職従事の動機（n=76）

資料：大分県A市資料（2023年自治会長研修アンケート）より作成。
注1：やる気を10としたときにの3つの動機の割合を聞いた。
注2：選択肢は、組織コミットメントの「功利・愛着・規範」を地域づくりにおける人材育成に当てはめた中塚雅也（2022）「新しい人材をつくる」小田切徳美編『新しい地域をつくる』（岩波書店）を参考にした。

考え方などが作用していると考えられる。また同じ分野であっても、活動やプログラムの内容、人間関係などが、積極的な参加を引き出している場合もある。

本書は、まずは地域づくりに参加する「普通の人」のやる気や動機とその背景を明らかにしながら、どのような考え方、気の持ちよう、持論で地域づくりに関わればよいのか、もしくはその考え方、気持ちを前提にどのように関わり方を変えたらよいのか、そのヒントを提供することを第一の目的としている。タイトルも「モチベーション」や「動機づけ」など、心理学や経営学、教育学のような人材を育成「する」側の目線からの言葉ではなく、「される」側、当事者側からみることを意識して「やる気」とした。

2 モチベーションと「やる気」

「モチベーション」とは、一言でいうと人が行動を起こし、持続するための気持ち、意志を指す。一般にモチベーションという言葉を使う際には、「彼女はモチベーションが高い」など、高低・有無という量的な側面と、「私のモチベーションは地域の皆さんの笑顔です！」というときの内容や種類、構成といった質的側面がある。本書では、質的側面を「動機」、量的側面の中の特に自発的、積極的な部分を「やる気」とする。(注2)

図1―2に示すように、例えば集落での草刈りに対して、日当が出る、地域の景観を良くしたい、さらには苦労している自治会長のために頑張ろう、という気持ちがあったとする。一方で、真夏の

日中に半日も作業するのはしんどいので参加したくないとも思う。しかし出ないと人間関係がギクシャクする、出不足金（作業や会議の欠席者から徴収されるお金）を取られるなどの消極的な理由もあり、最終的には作業に出る、というケースをイメージしてもらいたい。

この場合、一般の参加者、「普通の人」がプログラムを変更し自分の活動量を減らす（図の外側の灰色円を小さくする）ことは難しい。それに対して、「日当のため」「地域のため」「会長のため」という自発的、積極的な動機（点円の色分けした内訳）だけでは体が動くほどのやる気（点円の大きさ）はわかず、人間関係や出不足金という他律的、消極的な要素が加わり（両円のギャップ）、「やらされ感」を感じながら活動に参加する。

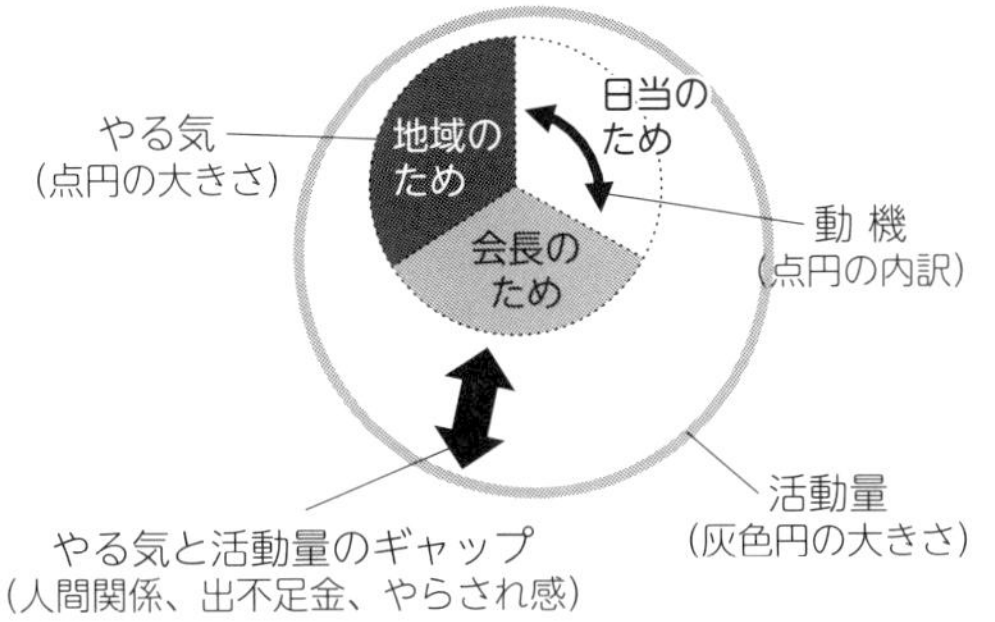

本書では、このやる気と活動の関係、またやる気を構成する動機の種類や割合などについて意識しながら、地域づくりの様々な事例を検討していく。カリスマリーダーやスーパーマンであれば、やる気と活動にギャップを感じても、例えばより地域に貢献するプログラムに改善することでやりがいを高めたり、参加者を増やして一人当たりの負担を軽減したりできるかもしれない。しかし「普通の人」が活動の内容や仕組みを変化させることは難しい。本書では、主に活動ではなくやる気のほうをどう変化させるか、ギャップがある状況にとどまらざるを得ない人に、どう気持ちを整えたらよいの

図 1-2　本書におけるやる気と動機と活動の関係
（筆者作成）

かのヒントを提供したい。本書を通して、一人でも多くの方が、「自分の気持ちに従って一歩踏み出せた」「もやもやしていた気持ちの整理ができた」「気が楽になった」と感じてもらうことを目指して、議論をすすめていきたい。

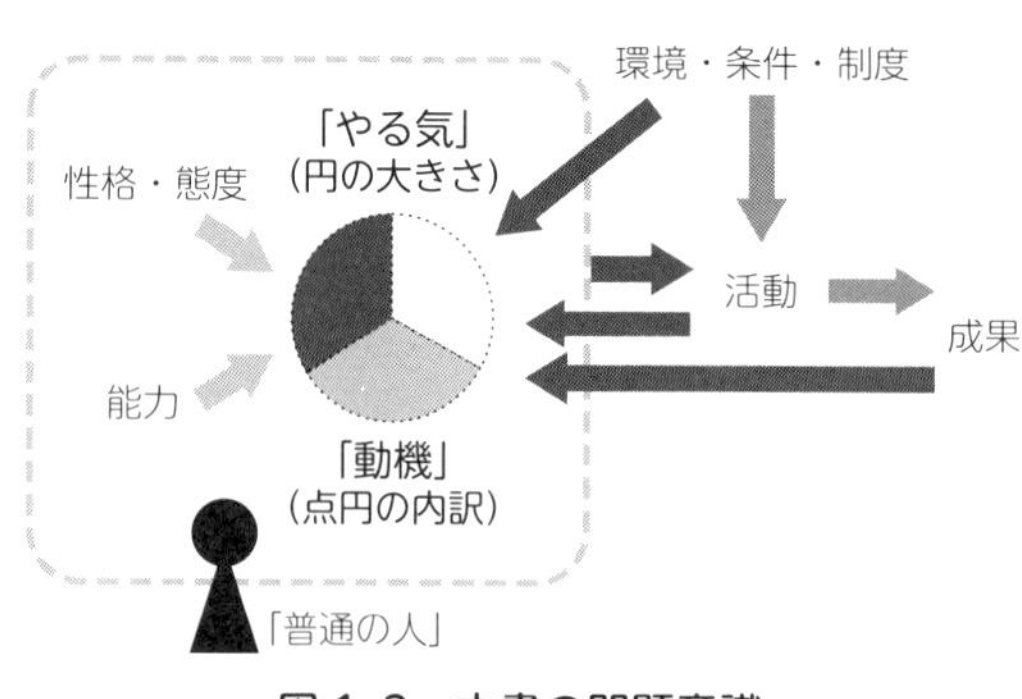

図 1-3　本書の問題意識

(筆者作成)

3　右肩上がりモデル以外の可能性

本書では、地域づくりのやる気や動機にまつわる「あるある」の共有と分類を行いながら、地域づくりにどのようなやる気や動機で向き合えばよいのか、不安感ややらされ感の原因は何なのか、どうすればその気持ちと上手く付き合えるのか、そのヒントをみつけてもらうことを目指している。そのために、地域づくりの様々な分野、場面で、参加者がどのような気持ちで活動しているのか、それはどう変化してきたのか、取り巻く環境やそれまでの経緯に注意しながら明らかにする。

図1-3に示したように、中心的なテーマは人のやる気と、そのやる気の理由、目的である動機である。例えば、集落の草刈りに対するやる気があるのかないのか、仮にあるとしてその理由、動機は金銭か人間関係か地域への愛着か、それぞれの割合はどうなっているのか、といったことを考えていく。したがって、図の薄い矢印で表現した本人の性格や能力、活動やその成果そのものの検

討には重きを置いていない点を、あらかじめ断っておきたい。[注3]

また本書では、地域づくりに対して無理に積極的、前向きになる必要はない、という前提に立つ。詳しくは次章以降で検討するが、地域づくりに対するやる気の強弱、動機の内容や組み合わせは人それぞれであり、時間や環境によっても様々に変化すると考えるのが自然であろう。また地域づくりへの参加は、基本的に誰かに強制されるものではなく、固定的な上下関係、主従関係もないほうがよい。各自が自分のやる気や性格、能力に応じて、その他の事情ともバランスを取りながら取り組むべきものである。やる気や活動が、単線的、一方的に右肩上がりとなるプロセスを想定するのは現実的ではなく、上がったり下がったり、場合によっては途切れたりまた戻ったりする、もしくは本人としては地域に特別な思いがなく、全然違う動機にもとづく行動であっても、結果として地域のためになることもありうる、というように考えてみたい。

さらに、組織や活動に対して気持ちの折り合いをどうつけるかというだけでなく、自分の気持ちややる気に従って、どう関わり方を変えるか、場合によってはその活動から距離を置く、組織から離れるという選択肢も排除せず、柔軟に考えていく。

4 リーダーにとっての本書の意味

本書は、2022年に同じく農山漁村文化協会から出版した『地域人材を育てる手法』の続編、姉妹編である。図1-4に示すように、前書ではリーダーやマネージャー、行政目線で、地域づく

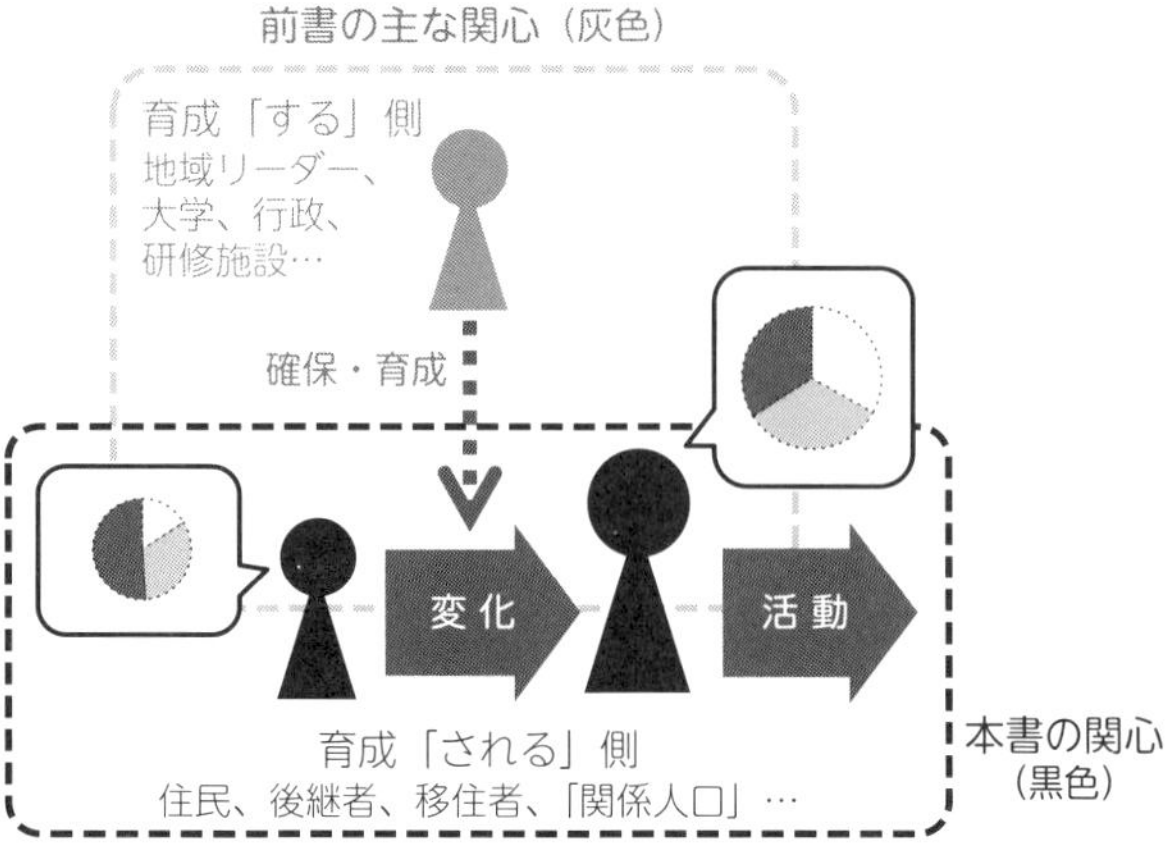

図 1-4　前書と本書の関係

（筆者作成）

りの人材育成の仕組みや制度を検討したが、逆に育成「される」側からもあるべき地域づくりの姿を考えてみたい、というのが本書の基本的なコンセプトである。

他方で、リーダーや関係機関の担当者など、地域づくりの仕組みや制度を考え、人材を育成「する」側の方にも、有益な示唆をもたらすことを本書は目指している。地域づくりの現場に行くと、地域リーダーや行政の担当者からは、「みんな他人事で、後任の確保に苦労している」「自分は地域のために頑張っているが、振り返ったら誰もついてきていない」「自分たちのことなのに、みんな当事者意識が足りない」、などの声が聞かれる。人材の確保、育成にまつわる課題を抱えている地域づくりの現場は多いが、多くの場合、原因は人口減少でも高齢化でもない。リーダー、行政側からみると、地域づくりに関心をもち、主体的に活動する人が少なく、その打開策もわからない。

このような現場の課題に対して、人材の確保、育成を重視した政策文書、各種計画、ビジョンが近年各省庁から出されており、また学界での研究もすすみつつある。上述のように本書の執筆メンバーも、その視点から前書を出した。様々な分野の事例を分析しながら、場面に応じた9つの人材育成手法を示したうえで、命令、契約、雇用といったフォーマルで強い関係だけでなく、知人の紹介、依頼や提案、部分的な参加や協力、日常の声かけや相談などのインフォーマルな緩い関係も含めた「エコシステム」を豊かにすること、人材の育成を中長期的なプロセスとして把握し、段階に応じたプログラムを設計することの重要性などを明らかにした。

そのなかでは、育成「される」側の状況や視点にも触れてはいるが、どうしても育成する側が感じている問題に対する対処法、解決策の提示を重視してしまい、育成される側の心情や環境に対する関心が十分だったとはいえない。例えば参加者がどのような動機をもっているのか、地域に対する義務感からか、仲間づくりを重視しているのか、金銭的報酬が出ることに魅力を感じているのか、それともスキルアップかなど、様々な可能性がある。対策として必要なのは負担軽減なのか、交流の促進か、手当の増額か、研修制度か、育成される側の心情やその背景の丁寧な把握が、活動、組織運営の見直しの第一歩になるはずである。

また前書では、育成「する」「される」という視点を無意識にもっており、地域リーダー以外の活動参加者、組織のメンバーを受動的な存在として一方的に位置づけていた面がある。しかし例えば移住者やいわゆる関係人口などのなかには、既に専門的な知識や技術、ネットワークをもち、さらに地域に対して高い関心、貢献意欲をもって即戦力として活動に加わる人材もいる。育成するというよりも、一人ひとりが活躍できる、ポテンシャルを発揮できる場面をどう整えるか、という視点で各種活動や組織運営を見直す必要がある。もっといえば、「する」「される」という一方的、固定的な関係でなく、様々に作用しあう相互的な関係としてイメージすべきケースも少なくないと想定される。

以上のようにメインの読者は、「普通の人」、育成「される」側を想定しているが、本書を通じて、現場のリーダーやマネージャー、行政職員など、育成「する」側にとっても、される側の気持ちや環境を理解し、それらを踏まえたコミュニケーションや仕組みづくりに取り組んでもらえるように議論をすすめていきたい。

5　事例から導く「やる気学」

本書は、事例編と考察編の大きく2つのパートからなる。前半の事例編では、地域づくりの様々な分野から8つのケースを検討するが、事例、分野の一般性を意識して並べている。まずは土地改良区の役員、介護予防活動のスタッフ、草刈りなど、地域の住民が暮らしの中で日常的に担っている活動、役割について第2章から第4章で取り上げる。次に、より主体的、能動的な活動である農村民泊と生涯学習サークルを第5章、第6章で検討する。最後に、地域おこし協力隊、体験交流施設の常駐者、集落営農法人の元組合長という、より本格的な、仕事と活動が一体となった立場、役職を第7章から第9章で紹介する。

事例編の各章のタイトルは、「ため池管理の「やらされ感」を自己調整する「意義づけ」」「地域福祉活動への参加を持続させる「ごちゃまぜ」動機」など、分野、属性とやる気のもち方、動機の組み合わせなどの理論、手法の組み合わせとなっている（図1−5）。各章の執筆者は心理学や経営学ではなく、現場を重視した農村計画学や経済地理学を専門としていることもあり、重心はタイトルの前半にある。各種の先行研究を意識しつつも、抽象的な理論ではなく、予断をもたずに地域づくりの現場から当事者のリアルなやる気や動機の解明、整理に重心を置く。

事例編の各章の内容は独立しており、タイトル前半の身近な分野から、もしくはタイトル後半のキーワードで興味をもった章から読みすすめてもらっても構わない。なお各章におけるリーダー、マネージャー、行政側の取り組みや考え方については章末のコラムで紹介する。

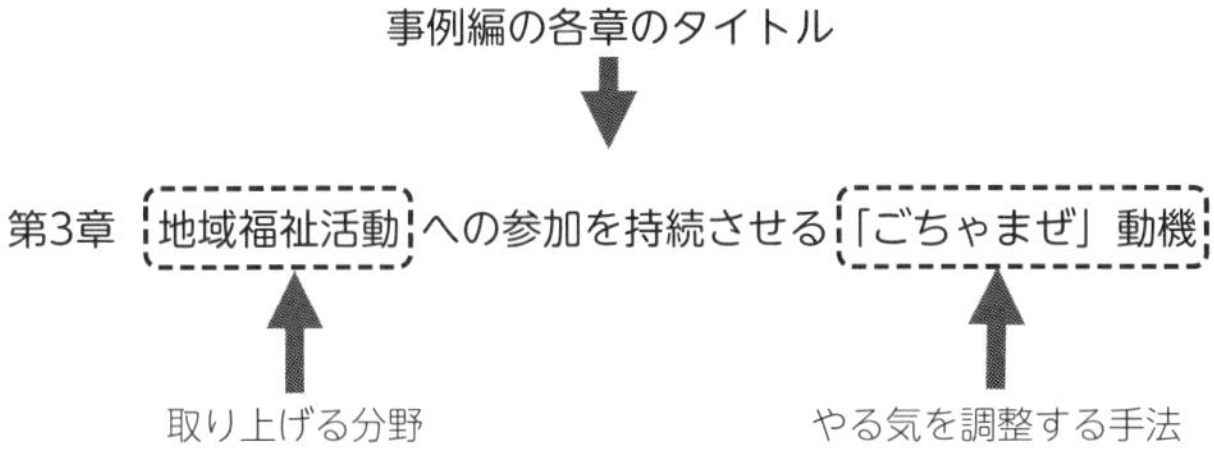

考察編では、事例を踏まえた「やる気学」の構造化、体系化を試みる。まず第10章では、事例編の各章をまとめた上で、そこから浮かび上がる「やる気学」の理論的な枠組みと、「ジョブ・クラフティング」の考え方を応用して、やる気と活動のギャップを埋めるメソッドを提案する。第11章では、主にこれから本格的に地域づくりに参加する若者に向けて、「欲求理論」を援用しながら最初の一歩の踏み出し方、活動への向き合い方を解説する。そして第12章では本書の結論として、これからの時代の「普通の人」のやる気の発生・持続モデルを提示する。最後の第13章は、事例編の各章のコラムの内容を踏まえて、これからの地域づくりにおいて、「普通の人」にどう活躍してもらうか、リーダーや行政側がどう配慮すべきか、また地域づくり研究の課題についても議論したい。

図 1-5　事例編各章のタイトルの読み方

（筆者作成）

本書は、科学研究費補助金基盤研究（B）「モチベーションデザインによる農村の人材育成手法の開発」代表 山浦陽一（課題番号21H02300）の成果の一部であり、本書の執筆者はその共同研究者である。

（山浦陽一）

注

1 このアンケートは自治会長向けの研修会の参加者を対象にしたものである。この市には2024年現在368の自治会があるのに対し、この日の参加者は81人で、参加率は2割ほどだった。母集団の中でも自治会活動に肯定的、積極的な方が回答している割合が高いと考えられる。

2 「参加したい」という積極的な気持ちと、「やらざるを得ない」「しかたない」という消極的な気持ちに分けているが、実際にはどちらかにはっきり分かれるような対立的な関係ではなく、連続的な関係だと考える方がより厳密だといえる。例えばエドワード・デジの自己決定理論では、楽しさや面白さで活動する「内発的調整」がもっとも強い動機づけで、以下活動の目的と自身の価値観が一致してやりがいをもって取り組む「統合的調整」、重要性や必要性は理解できる「同一化的調整」、内容よりも周囲からの評価や競争心に影響される「取り入れ的調整」、報酬やペナルティなど直接的な「アメとムチ」に左右される「外的調整」と、働きかけの主体が外部からになり、強制力が強くなると、意欲は高まらず持続しないと整理されている（エドワード・L・デジ／リチャード・フラスト（1999）『人を伸ばす力』新曜社）。本書では概ね内発的調整、統合的調整までの動機を対象にやる気を理解し議論をすすめる。

3 例えばどんなことにも意欲的に取り組める人、逆に何に対してもやる気が感じられない人がいる。また同じ人であっても、活動によって意欲的に取り組む活動とそうでない活動がある。これらは本人の性格や本人の好き嫌いの要素が大きいと考えられるが、本書では主題とはしていない。

第1部

事例編

第2章

ため池管理の「やらされ感」を自己調整する「意義づけ」

1 「誰かがやらなくてはいけない作業」の量とやる気

農業、特に稲作は農業用水や水利施設、農道など個人で管理することが難しい地域資源が必要となる。これらは「誰かが管理しなくてはならない地域資源」であり、これまで集落をベースとした大小様々な管理組織によって自治的に維持管理されてきた。しかし近年では農業の衰退や少子高齢化にともない、管理に携わる人材を確保することが困難になっている。その結果、十分に管理できず災害を誘発するケースもみられる。

地域資源は「誰か」が管理する必要があるが、実際には管理組織の役員が多くを担っている。しかし役員の選出は、人間関係のなかで消極的に決定されることも多く、自ら好んで役員に従事するケースは少ない。その意味で、当人の「やる気」で対応できる以上の活動量があり、「やらされ感」

を感じやすい地域活動であるといえる。みなさんのなかにも、「本当はやりたくない」と思いつつも、役員にならざるを得ず、「やらされ感」を感じている方もおられるのではないだろうか。

地域資源の管理に携わる人材の確保・育成に関する研究は、一定の蓄積がみられ、柴崎〔2022〕では先行研究が整理されている。(注) しかし、「やらされ感」を感じつつも日々の作業に従事している役員の心理的な側面は注目されてこなかった。今後の資源管理や管理組織のあり方を検討するには、彼らが「やらされ感」とどのように向き合い日々の活動に従事しているのか、そしてその過程でやる気や動機はどのように変化しているのか、という点を検討する意義は大きい。

本章では、管理組織の役員を務める者のなかでも、比較的若い人（50から60歳代前半）の「やる気」や「やらされ感」に着目しつつ、彼らがどのように役員を引き受け、日々の活動に従事しているのかを明らかにする。そのなかから今後の資源管理作業の「やる気」を見出すヒントを探りたい。

2　小規模土地改良区の事業と運営

本章では主に土地改良区を取り上げる。土地改良区は、農業の生産性の向上や農業生産の増大に向けて実施される土地改良事業（圃場整備、農用地の造成、農業用用排水施設、ため池、農道などの新設・維持管理に関する事業）を実施するために、地域の耕作者や農地所有者を組合員として設立される公共的な法人である。一般的に、土地改良区が存在する地域では、基幹的水利施設の管理を土地改良区が担い、支線用水路等を集落の末端水利組織等が担うといった重層的な管理体制が

図 2-1　稲美町の位置図
（筒井作成）

写真 2-1　A 地区の様子
（筆者撮影）

構築されている。なお、土地改良区は日本全国で４２０３地区存在し、組織の大きさや管轄する農地面積の規模は様々である。面積別にみると、１００ha未満の小規模な土地改良区から1万ha以上と大規模なものまで存在する。割合としては１００ha未満の小規模なものが多く、全国では44・5％、兵庫県では73・7％を占める。

本章で取り上げるA土地改良区（兵庫県稲美町）も小規模な部類に位置づけられる。稲美町は兵庫県の南部に位置し、阪神都市圏から50㎞内にある都市近郊農村である（図2―1）。人口は3万人で減少傾向にあり、高齢化率は32・2％である（国勢調査２０２０より）。また、印南野台地に位置し、大きな河川もないため、江戸時代以降ため池の造成が進み新田開発が行われた。そのため町内には大小様々なため池が存在する。

Ａ土地改良区は、旧Ａ土地改良区（Ａ地区）が母体となり、Ｂ土地改良区（Ｂ地区）とＣ土地改良区（Ｃ地区）とが合併して１９９７年に発足した。受益面積は約70 haであり、地目は大部分が水田である。受益面積の60％以上の圃場が整備されており、ため池を利用したパイプライン（全長は約13㎞）での灌漑がなされている（写真2−1）。なお、パイプラインは１９７６年に整備されたものであり、老朽化が深刻なため全面的な更新が検討されている。

Ａ土地改良区の役員（理事・監事）は、３つの選任区（合併前の土地改良区単位）から計17名が選任される。選任方法は先代の役員による指名制が基本となっており、任期は1期４年である。現在の役員の年代は、後述するＭ氏、Ｙ氏を除き大半は70歳代となっている。なお、役員は多面的機能支払制度の受け皿組織であるＡ環境保全協議会の役員も兼務することとなっている。

３　若手役員の属性と役割

ここからは、Ａ土地改良区の若手役員であるＭ氏、Ｙ氏を対象に、両氏のやる気と活動についてみていく。

Ｍ氏は、１９６０年生まれでＣ地区出身・在住、建設業に従事する兼業農家である。調査時は、土地改良区のほか、環境保全協議会、営農組合、水利委員会の役員を務めていた。土地改良区・環境保全協議会の役員は7年目であり、任期は残り1年である。もっとも長く従事しているのは営農

写真 2-2　ため池の点検の様子
（ため池みらい研究所提供）

組合で13年日となる。水利委員会では3年前から会計を務めている。これらの組織の管轄エリアは異なっており、土地改良区および環境保全協議会はＡＢＣの3つの地区全体、営農組合および水利委員会はＣ地区が中心となっている。

Ｙ氏は、1965年生まれ、Ａ地区出身であり実家もＡ地区にあるが、自宅はＡ地区から車で20分ほどの距離にある。工場に勤務しながら、実家の農業の手伝いをしている。調査時は、土地改良区のほか、環境保全協議会の役員を務めており、3年目を迎え、任期は残り1年である。また、Ａ地区の営農組合の組合員としても15年ほど活動している。

両氏ともに、土地改良区では、ため池堤体の草刈りや水路清掃、水利施設の点検作業（写真2－2）、土地改良区の理事会や環境保全協議会の会議への出席、土地改良区と集落（居住ないし出身の農業集落）とのパイプ役を務めている。ただし、土地改良事業の推進に関わる行政・企業等への相談や調整、政策動向の把握およびそれへの対応、補助金・助成金の申請・執行、水利施設の点検・補修関連の計画策定、資料の作成・取りまとめなどといった作業は、土地改良区の三役（理事長、副理事長、会計）が担っており、両氏には三役から情報が共有されるにとどまっている。

4 若手役員の動機とやりがい・不満

（1） 役員就任の経緯と動機

両氏ともに、各地区の先代役員から声をかけられたことが役員就任のきっかけである。声をかけられた際は、断るという選択肢はなく「仕方がないこと」として引き受けた。誘いを断らず、「仕方がない」という感覚をもつようになった背景には、営農組合での活動が影響している。営農組合は「空いている時だけ来てほしい」と頼まれ、両氏ともに10年以上関わっており、そのなかで営農組合の関係者が土地改良区の役員を担ってきたことをみてきた。そのため、自身もそろそろ頼まれるだろうなという「匂い」を感じていた。そういった心づもりもあり、「できればやりたくない」というのが本心ではあるが、頼まれた際は「仕方がないこと」と承諾した。

なお、引き受けた当初、土地改良区という言葉は知っていたが、土地改良区という組織の目的や具体の活動内容については十分理解しておらず、「とりあえず、ため池などの草刈りしといたらいいんかな」という感覚であった。また、「役員を頼まれることは2度はないだろうし、1回くらいはやらないといけない」という感覚もあった。

（2） 活動に参加することへの意義ややりがい

草刈りや水路清掃など具体の作業に参加する動機としては、自身が役員であるため参加するのが当たり前であり、それ以上でも以下でもないという認識をもっていた。また、「役員を辞めるという選択が可能ならいつでも辞めたい」という声も聞かれた。一方、活動に従事するなかで感じる意義ややりがいを尋ねたところ、「そんなもんはない」と前置きをしつつも、掘り下げると以下の証言が得られた。

①営農環境の維持への貢献

営農活動を通した交流は、両氏の生きがいのひとつとなっている。両氏が営農組合での活動を続けている背景には、気心の知れた組合員との交流があった。両氏は土地改良区の役員に就任した際、営農するには水利施設が必要不可欠であること、その維持管理のために土地改良区が存在することは理解していた。が、その実態までは理解しておらず、役員として活動に従事するなかで、営農環境を維持するために先人が行ってきたこと、年配の役員が中心となって対応している事案に触れ、土地改良区という組織の存在意義を肌感覚で理解するようになっていた。そして、自身が生きがいと感じる営農活動を通した交流は、その存在によって支えられてきた部分が大いにあると認識するに至った。

②地域内外のネットワークの広がり

先述の通り、土地改良区の役員は3地区から選出されるが、地区間での交流機会は祭りなどに限られていた。そのなか、土地改良区では活動を通して地区を超えて知り合いができ、挨拶を気軽に交わす人が増えることにやりがいを感じている。また、「役員は、みんな人柄がよい」と振り返っており、良好な人間関係のなかで活動できていることに満足していた。

③土地改良区内における信用の獲得

理事会等で制度上は若手にも発言権があるが、実際は年配者が多数を占めるなかで、発言を躊躇することも多いという。そのなかで発言するに当たっては、「全然参加せんくせに、誰がものいうてるんや」といわれないためにも、草刈りなどの基本的な作業に参加していることが重要だと認識している。つまり、日々の作業への参加を通して、組織内での信用が獲得されるという意義を感じていた。

（3）抱える不満

上記のような意義ややりがいを感じている一方、活動に従事するなかで不満も抱えている。ここでは3つ紹介する。

①活動の意義やすすめ方に関する不満

A土地改良区では、三役を中心とした年配者が主導して、政策への対応（多面的機能向上に向けた取り組みや、土地改良区における複式簿記の導入、女性役員の参画促進など）や、新たな施設管理手法の導入、パイプラインの全面更新に向けた協議など様々な新たな取り組みを積極的にすすめている。これらの取り組みを主導する年配者に対しては、地域のために尽力してくれており感謝の気持ちをもっている。その反面、それらをすすめる意義や政策の説明が不十分で、話のすすめ方も納得がいかない部分もある。「話がややこしくてよくわらない。もやもやする」「なぜそのような活動を行っていく必要があるのか」と疑念を抱くシーンもある。

②実施エリアに対する不満

土地改良区や環境保全協議会の活動範囲は3地区に及ぶが、両氏は自身の集落・地区を「自分の地域」と認識しており、「自分の地域」とその他の集落・地区とは区別している。土地改良区や環境保全協議会が新たな活動に着手し、その場所が「自分の地域」でない場合、「自分の地域ならまだしも、なぜ関係のない地域の活動に参加しないといけないのか」という思いを抱くこともある。例えば、環境保全協議会では、多面的機能向上活動として、川沿いの堤防に芝桜を植えており、役員も定植や草刈りへの参加が推奨されている。しかし「自分の地域」での活動ではないため、参加が要請されることに違和感を感じている。

③組織のルールに対する不満

土地改良区の定款に示されているオフィシャルなルールや、地域で形成されてきたアンオフィシャルなルールなど、資源管理には様々なルールが存在する。それらのなかには、今日の集落が置かれた状況にはフィットしないルールもみられる。しかし、ルールの修正には体力が必要であり、柔軟に修正されるケースは多くない。例えば、役員の任用期間の長さに関する不満がある。任期は1期4年であり、A、B地区は1期、C地区は2期務めるのが通例となっている。この点についてM氏は、2期8年という期間が設定されるのはなぜなのか、長すぎるのではという思いを抱いている。

(4) 不満への対応

これらの不満の内容は、いずれも組織の仕組みに関連するものであり、不満を解消していくためには組織全体で取り組む必要がある。そのため両氏は、不満の解消に向けて積極的に対応するというよりも、自身で対応できうる範囲内で不満を緩和させる対応を行っていた。具体的には以下のような対応がみられた。

① 無理しない範囲で参加する

組織運営と具体の作業への参加において「無理しない範囲で参加する」という対応がみられた。

組織運営に関しては、様々な「ややこしい話」に積極的に介入しているわけではなかった。先述したように、A土地改良区では様々な取り組みがなされているが、特に、政策や補助金に関連する議題がややこしく戸惑う部分が多いという。これらの話は、三役を中心に話し合いがなされており、両氏にも情報は共有されるものの、政策の背景や枠組みについて理解が及ばず、何を議論しているのかわからない部分が多くある。また役員会で議論・決議された内容を自身の集落の関係者に説明する際は、うまく説明できずストレスを感じている。それらの「ややこしい話」は、積極的に勉強して克服するというよりも、引き続き三役を含む年配者で議論してもらい、自身は集落での説明など最低限の役割で対応するようにしていた。

具体の作業に関しては、意義を感じることができない草刈りや水路清掃には参加しないという対応である。作業に参加することは、先述の通り意義を感じる一方、役員の参加が推奨されている全ての活動に参加しているわけではなかった。参加を判断する基準としては、当該作業が持つ意義を感じられるか、という点が挙げられる。

② 仲間と状況を共有する

同じような境遇の同世代の役員や農業者と、自身が感じている葛藤や不満だけでなく、活動に従事するなかで出てきた疑問などを共有していた。特に「ややこしい話」に関するもやもやを仲間と共有するという対処をとっていた。例えば、上記のような政策への対応に関して、M氏とY氏は互いが抱いている疑問や考えを共有していた。

③ ずっとやり続ける仕事ではないと割り切る

役員の任期は明確に設定されているため、両氏は任期が終わることを見越して活動に従事しており「ずっとやるわけではない」し、任期が終了するまでは辛抱する必要がある、という心持ちであった。

5 意義づけを通した「やらされ感」の自己調整

以上みてきたように、両氏ともに「仕方がないこと」として役員を引き受け、就任後も「役員を辞めるという選択が可能ならいつでも辞めたい」と発言していたことから、活動と「やる気」が十分見合っているとはいい難い。しかし、活動に従事していくなかで役員としてのやりがいや意義を感じ、両氏の「やらされ感」、すなわちやる気と活動のギャップは緩和していったといえる。

図2―2は、「やらされ感」を自己調整する方法をまとめたものである。大きくは、「意義づけ」

という行為を通して、動機が変化することによって「やらされ感」を低減させることを表現している。まず、役員を引き受けた動機としては「誰かがやらなければ仕方がない」という義務感が強かった。積極的な動機があり就任したわけではないため、十分な「やる気」もなく「やらされ感」を感じていた。そして就任以降も、自身が役員である以上「仕方ない」という思いを抱きつつ日々の作業に従事していた。

一方、「やらされている」という消極的な心持ちだけではなく、土地改良区という組織の存在意義、また自身が活動に参加する意義を認識し、それが前向きな動機となっていったことも確認された。両氏ともに、気心の知れた仲間と行う営農活動やそこでの交流がいきがいのひとつとなっており、役員として携わるなかで、営農環境を支えてきた土地改良区の役割の大きさを肌感覚で実感していた。このような意義は、役員として活動するなかで認識するようになったものであり、この主体的に意義を見出す「意義づけ」により、「やらされ感」を自己調整していたといえる。言い換えると、農業や暮らしなど、自身の楽しみややりがいと関連づけて「なぜその役や組織があるのか」「なぜ自身がその作業をするのか」など、組織や作業の意義を問い直すことが重要となる。なお、意義を問い直すにあたって両氏は、「組織内外との交流」を通して「組織運営の学習」を行うとともに、「不満の緩和」を行っていた。

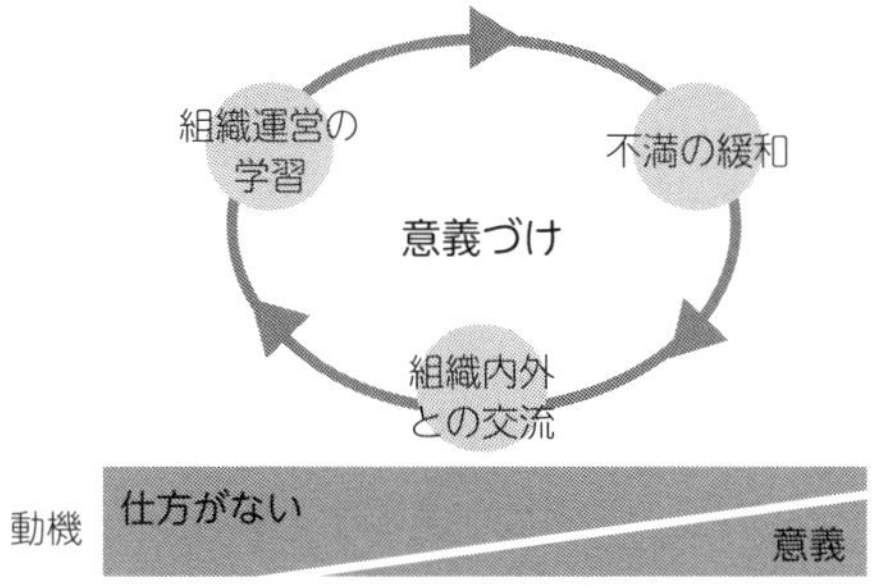

図 2-2「やらされ感」を自己調整する方法
（筆者作成）

「組織内外との交流」とは、管理組織内外のメンバーとの交流を意味する。そこでの交流は、自身がやりがいを認識する契機となるだけでなく、不満を緩和させることにも機能していた。具体的には、ほかの役員との交流を通じてネットワークが拡大することに役員としてのやりがいを感じていたり、営農する人々、言い換えると管理組織の恩恵を受ける人々との交流を通じて、管理組織の存在意義を再確認していた。

「組織運営の学習」とは、管理組織の特性やその運営方法について学ぶことを意味する。両氏は、草刈りや水路清掃など具体の管理作業に参加するだけでなく、会議への参加、さらには管理組織と集落のパイプ役を担っていた。このような経験のなかで、就任当初は土地改良区という名前を知っている程度であったが、組織の運営実態を徐々に理解していった。ただし、土地改良事業に関わる行政・企業等への相談や調整、政策動向の把握と対応、補助金・助成金の申請・執行、水利施設の点検・補修関連の計画策定などの「ややこしい話」については理解が及ばない点も多くある。

「不満の緩和」とは、活動の意義やすすめ方、活動実施エリアや組織のルールなどに関する不満を緩和することである。これらの不満は、組織運営の核に関する事案であり、両氏は不満を積極的に解消するというよりも、できる範囲内で緩和させていた。具体的には「無理しない範囲で参加する」「仲間と状況を共有する」「ずっとやり続ける仕事ではないと割り切る」などの対応である。

以上にみてきたように、組織内外の者との交流を通じて、管理組織の運営のあり方や役割を学びつつ、自身で対応できうる範囲内で不満を緩和させる、その過程で、農業や暮らしなど自身の楽しみややりがいと関連づけて資源管理組織の意義を問い直すことが役員の「やらされ感」を自己調整するコツといえる。

（柴崎浩平）

注　柴崎浩平（2022）「農村における地域資源の管理」中塚雅也・山下良平・斎尾直子編著『農村計画研究レビュー2022：10年間の農村計画学を読み解く』筑波書房

コラム

組織の存在意義の共有と人材確保のルール修正

今日、土地改良区に対して様々な政策が導入されており、土地改良区は政策の対応に追われている。特に本事例でみたような小規模な土地改良区は人材も乏しく対応していくことが困難な状況にあるため、若手が育つ環境づくりが急務となる。ここでは若手の「やらされ感」の緩和に関して、資源管理組織のリーダーが留意すべき点を2点提示する。

ひとつ目は、組織の存在や活動の意義の共有である。本文で述べたように、「やらされ感」を調整するうえで、本人が主体的に組織の意義を認識することが重要となる。しかし、そもそも「土地改良区とはどういう組織なのか」など、基礎的な情報を体系的に把握している者は少ない（これは、若手だけでなく年配者であっても同様のことがいえる）。ましてや、役員として関われば関わるほど、土地改良区の仕組みや土地改良事業のすすめ方などに関する「ややこしい話」に触れる機会が多くなり、「わからないことがわかる」といった状況にある。そこで、意義に気づく機会の創出を提案したい。例えば、土地改良区の基礎情報をはじめ、当該地域の土地改良の沿革を役員だけでなく今後の地域の担い手である若手農業者等で共有する機会を設けてみてはどうだろうか。圃場整備や農業用パイプラインの設置などの土地改良事業を実施した際のことを知る方を招き、どのような・どのように工事がなされたのか、それによって生活がどのように変化したのかなど、農業や生活という切り口から土地改良区という組織を捉え直す機会が重要である。

2つ目は、人材確保に関するルールの修正である。今後、さらに人口が減少していくなかで、人材を確保することが更に困難になる。その打開策のひとつとして、むしろ役員数を増やし、役員になることの心理的なハードルを下げる、一人当たりの負担を減らすなどの策が考えられる。実際、役員数を増やすとともに従来の役員が担っていた作業を細分化し、新入り（非農家を含む）と協議しながら柔軟な関わり方を創出することで、人材の確保に成功している事例もある。* 人材が減っていくなかで、特定の者に負担や知識・知恵を集中させるのではなく、広く・浅く関わる人材を増やすことで、組織の実態を知る人材が増えることや、役員のやりがいのひとつにもなっていた「地域内外のネットワークの広がり」が期待される。資源管理組織において役員数などのルールは変更しづらい側面もあるが、組織を取り巻く状況に応じて柔軟に組織を変えていけるかという点が重要になる。

（柴崎浩平）

＊ 柴崎浩平・中塚雅也・内平隆之・星野敏（2020）「都市近郊のため池管理における次世代の人材確保の方法―管理作業環境のデザインに着目して―」『農村計画学会誌』39（論文特集号）175―182頁

第3章

地域福祉活動への参加を持続させる「ごちゃまぜ」動機

1　介護予防・生活支援活動のやる気

あなたがお住いの地域で、～サロン、～カフェ、～応援隊、～お助け隊などの活動を見聞きすることはないだろうか。ご自身が直接スタッフとして関わっている方もいるかもしれない。近年高齢化の進行、介護保険制度の見直しにより、介護予防のための運動や食生活、交流の場づくり、また掃除やゴミ捨て、庭の手入れなどの身の回りの生活支援活動が各地で増えている。企業や福祉施設、シルバー人材センターなどとは異なり、地域住民同士の助け合い、支え合い活動として運営される。活動の内容や頻度、報酬の有無などは多様だが、一般に自治会や老人クラブの活動とは独立しており、スタッフとしての参加は任意で強制力は弱い。したがって意欲も高く活動にも積極的な参加者、スタッフが多い。

本章では、全国的にみても特に活動が活発な、大分県国東市国見町竹田津地区の「くらしのサポートセンターかもめ」を取り上げ、スタッフがどのような動機で活動しているのかを検討する。[注1] なおかもめは２０１６年度に発足し、設立から一定の時間が経過していることから、発足当初からスタッフの動機がどう変化したのか、その理由、背景についても分析してみたい。

2　生活支援・介護予防の活動と組織―くらしのサポートセンターかもめ―

（1）竹田津地区の性格

大分県国東市国見町竹田津地区は、大分県の東北部にある国東半島の先端、市の北西端に位置する（図３―１）。市役所までは車で約40分、大分市中心部まで2時間弱かかり、大分県内で大分市中心部からもっとも遠い地域のひとつである。竹田津地区は昭和の合併前の旧村で、公的施設としては竹田津公民館が置かれている。５つの行政区から構成され、２０２３年10月現在人口は７６８人、４０７世帯、高齢化率は58・３％となっている。竹田津小学校の校区でもあったが、学校は児童数の減少により２０２３年度で閉校した。

かもめ設立まで、行政区同士の交流は地区対抗の体育祭ぐらいで、竹田津としてのまとまりは強くなく、いわゆる地区社協[注2]もなく、特別地域活動が盛んな地域ではなかった。公民館も４つの部会を置くなど組織は整備されていたが、実態としては貸館業務中心で、主催行事は多くなかった。竹田津は、市社協からモデル地区として高齢者向けの地域福祉活動の立ち上げを提案されるが、市社協としては、ここで設立できれば他の地区にも展開できる、という理由で選定したという。

（2） かもめの組織と活動

くらしのサポートセンターかもめは、竹田津地区で介護予防や生活支援を担う会員制のボランティア組織である。２０１６年12月に設立され、２０２２年度の会員数は62人、60から70歳代中心で、設立時からの世代交代はまだ進んでいない。主な活動は週１回の竹田津公民館でのカフェと各行政区の集会所での月１～２回のカフェ、公民館での食事会やそれに合わせて開催される各種の教室・講座、出張販売、有償の生活支援「ちょい加勢」、観光地整備で、コロナ下では弁当配達やマスク配布なども行っていた。特に公民館でのカフェは、コロナ禍前は週に3回、13時から15時まで2時間開催され、毎回20人近い利用者がいるなど、活発に活動していた。(注3) ５つの行政区ごとに4人前後のチームを編成し、順番に公民館カフェを運営している。スタッフは有償で、準備も含め12時30分～15時30分の間、時間当たり３００円の手当が出る。

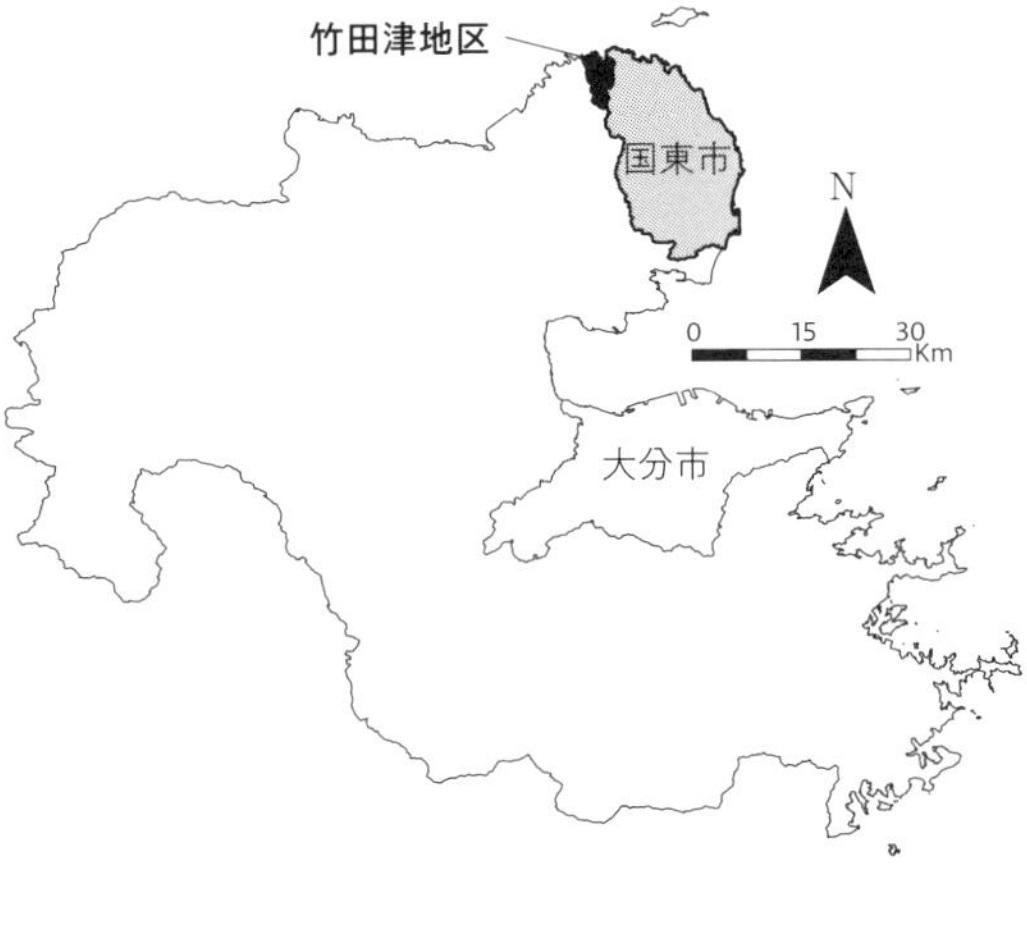

竹田津地区
国東市
N
0 15 30 Km
大分市

図 3-1　国東市竹田津地区の位置図
（筒井作成）

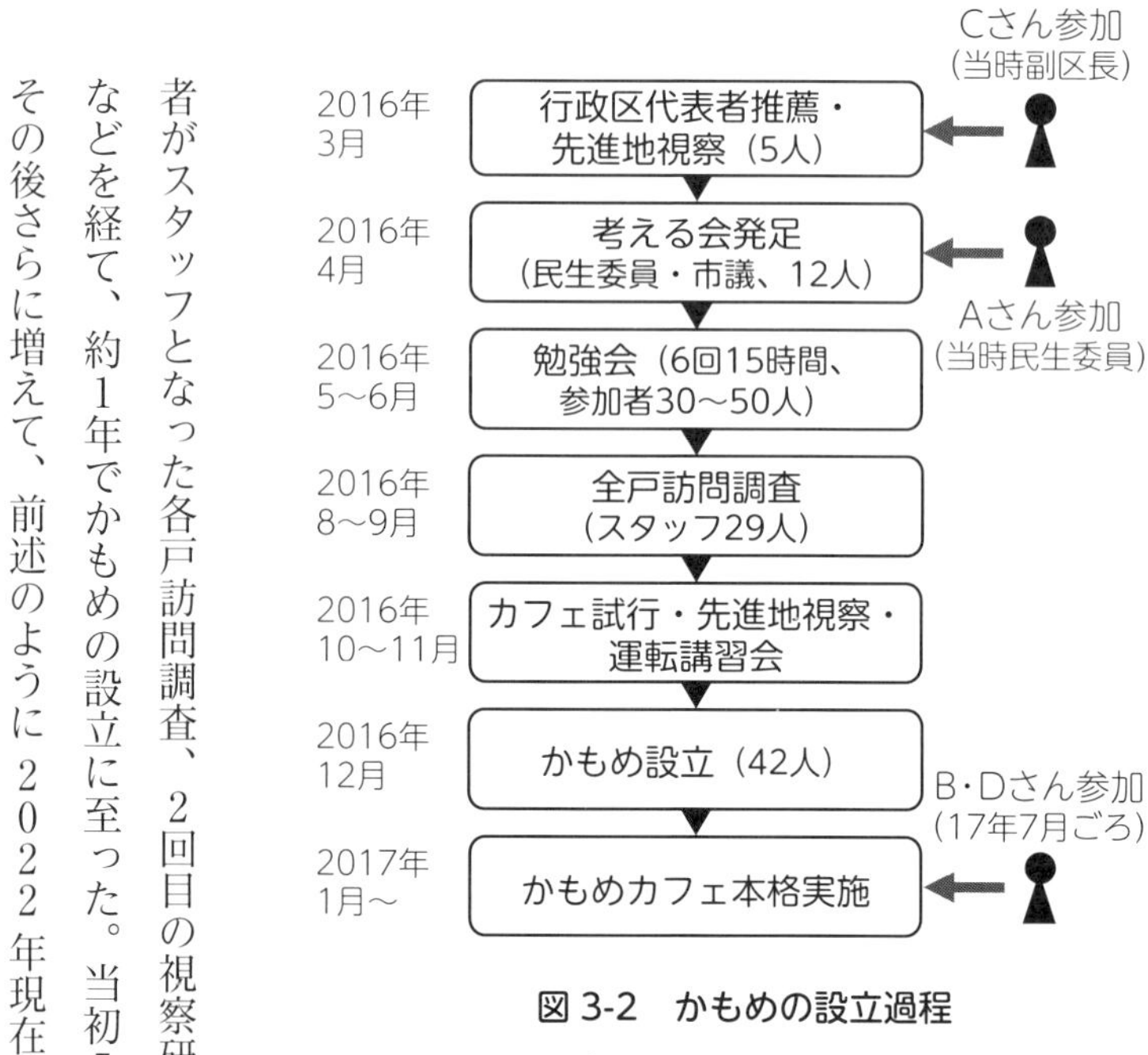

図 3-2　かもめの設立過程

資料：くらしのサポートセンターかもめ、国東市社会福祉協議会資料および両者への聞き取りより作成。
注：主なプログラムのみ表示。

かもめの設立のプロセスは図3−2のとおりである。まず各区長に対して、市社協からリーダー役の推薦依頼があった。5つの行政区中2つは区長自身が参加したが、残りの3つでは民生委員やそれ以外のメンバーが推薦された。次にその5人は市社協が企画運営する先進地視察と、そのための事前学習会に参加した。その後民生委員や市議も参加して12人体制になり、準備会を設立する。6講座15時間に及ぶ勉強会、勉強会参加者がスタッフとなった各戸訪問調査、2回目の視察研修、生活支援のマッチングのワークショップなどを経て、約1年でかもめの設立に至った。当初5人だったメンバーは設立時には42人となり、その後さらに増えて、前述のように2022年現在では62人となっている。

3　動機の多様化と重層化

（1）カフェスタッフの属性

かもめの中心的な事業であるカフェのスタッフがどのような動機で、なぜ高いやる気を保っているのかを検討する。特に竹田津や行政区といった地域への貢献と、個人的な楽しみ、いきがい、もしくは利用者、仲間のためなどの動機のバランスとその変化に注目して分析を行う。

調査は、2022年8月29日と11月7日に、カフェスタッフ合計18人に公民館に集まっていただき、その場でアンケートに答えていただいた。18人の内訳は、男性2人女性16人、年齢は60歳代5人、70歳代12人、不明1人で、行政区別では、6人から1人（不明1人を除く）、18人中7人はかもめの理事も兼ねている。コロナ下でも月1～2回行政区単位のカフェスタッフを担当しており、またカフェスタッフのみは4人で、それ以外の方は弁当配布、生活支援、観光トイレ清掃など、かもめの複数の活動に参加している。かもめ設立前の15時間のセミナーへの参加者は、後述するAさん、Cさんなど12人で、Bさん、Dさんなど残りのメンバーは、後に誘われてかもめに参加した。また行政区でのサロンや体操、老人クラブ、民生委員、婦人会、郷土芸能など、ほぼすべてのスタッフがかもめ以外の地域の活動にも参加している。

表3-1　スタッフの動機とその変化

		1位	2位	3位
2017年 カフェ開始時 (計17人)		自分のため 10人	行政区のため かもめのため 3人ずつ	－
	うちセミナー 受講者11人	自分のため 7人	行政区のため 2人	利用者のため かもめのため 1人ずつ
2022年 開始5年後 (計18人)		利用者のため 8人	自分のため 6人	行政区のため 3人
	うちセミナー 受講者11人	自分のため 5人	利用者のため 3人	行政区のため 2人

資料：スタッフへのヒアリング調査より作成。
注1：カフェ開始時の動機が不明な方が1名いたため、開始時と開始5年後の人数は一致しない。
　2：自分のため、利用者のため、仲間のため、行政区のため、かもめのための5つの選択肢のなかでもっとも強い動機として挙げられた選択肢の順位を3位まで表示。

（2）参加の動機とその変化

カフェスタッフとしての動機について、自分のため、利用者のため、仲間のスタッフのため、行政区のため、かもめのための5つから、現在と発足当時、それぞれ1～3位を選んでもらった（表3─1）。現在の動機の1位は、利用者のためが8人、自分のためが6人、行政区のためが3人、かもめのためが1人となった。それに対し、発足当初の参加動機をみると、自分のためが10人、行政区とかもめが3人ずつ、利用者のためが1人、不明1人となっている。発足当初は自分のためが多いが、6年が経過して自分のためという答えは10人から6人に減少し、利用者のためが1人から8人と大幅に増えている。

設立前の15時間のセミナー参加者11人に限定してみると、設立当初自分のためが7人で最多なのは全体と変わらないが、現在は自分のためが5人、利用者のためが3人と、引き続き自分のためという回答が多くなっている。全体では利用者のためが多くなるが、セミナー参加者は誰かのためではなく、「カフェに来る地域の方から元気をもらっている」「喜んでもらえることが励みになっている」、という主体的な回答が多くなっている。

次に不明の1人を除き、現在と発足当初の1位を比べると、変わっていないのは3人のみで、残り14人は別の動機を挙げている点も注目される。変化の内容としては、自分のためから利用者や地区のために変化したスタッフと、その逆のスタッフの両方が混在している。

表出していないが、11月のヒアリングに参加したスタッフには、動機全体を10として、1位から3位の動機が何割ずつを占めるのかを聞いた。すると開始直後は平均で1位が5・4、2位が2・9、3位が1・6だったのに対し、現在は1位が4・8、2位が3・3、3位が1・9だった。6年の間に1位の割合が小さくなり、2位、3位がそれぞれ大きくなっている。動機同士の差が小さくなり、特定の動機ではなく、より複合的な動機で活動に参加している傾向がみられる。

以上の結果を整理すると、まず開始当初は利用者の存在があまり重視されておらず、自身の出番や居場所づくり、セミナーでの勉強を踏まえた地域貢献意欲が主な動機となっていた。その後カフェの客との交流により、利用者のために、という意識が強くなるスタッフがいる一方で、逆に地域のため、誰かのためでなく自分自身の喜びややりがいが大きくなるスタッフもいて、動機は分散していく。また複数の動機が組み合わさる割合も増えるなど、複雑で多様な動機をそれぞれがもつようになっていた。

属性別にみても、セミナー参加者では現在は自分のために活動している、という割合が若干高いが、それ以外に目立った差はみられず、参加の経緯や属性による目立った違いは確認できない。

4　動機の多様性と変化の実態

（1）「自分のため」から「利用者のため」へ

スタッフの具体的な動機とその変化について、２人のスタッフを取り上げさらに検討する。ひとり目は70歳代女性のＡさんで、かもめではカフェスタッフ、理事も務める。カフェでは手づくりのお菓子や生け花の提供、さらにカフェに合わせてレク担当として体操教室、折り紙教室も開催するなど、積極的に関わっている。かもめカフェ、行政区カフェ以外にも弁当配布、ＳＮＳでの情報発信、各種会議、研修、視察受け入れにも積極的に対応する。またかもめ以外では、居住する行政区のサロンでの体操、折り紙教室の世話役も担う。

かもめカフェと行政区のサロンでは感覚が違うという。行政区は気心知れた家族のような関係性でリラックスして活動できる一方、刺激は少なく、新たな学びや交流などはあまり期待できない。他方かもめカフェは居住する行政区だけでなく、竹田津内外からの利用者がいて、行政区サロンに比べ少し緊張し、責任も感じる一方で、参加者の反応や新しい出会いなどの刺激がある。

Ａさんは国東市に隣接する市町村の出身で、夫が竹田津の出身である。現役時代は自治会などの地域活動、茶道など趣味のグループに参加し、出身地では茶道の指導もしていたが、夫が転勤族のため数年で転居することもあり、特定のグループの役員、世話役などはしたことがなかった。

夫の定年で竹田津に戻り、まず婦人会の役員を6年間務める。その後夫が区長に就任するが、区長業務のひとつとして、民生委員を推薦する必要があった。しかし適任者を確保できず、妻であるAさんに依頼した。その後Aさんは6年間民生委員を担当するが、4年目には行政区の体操サロン設立を主導し、運営の世話役も引き受けていた。市のサロンのリーダー養成講座、その後のフォローアップ講座も受講するなど、自身のスキルアップやネットワーク構築にも積極的だった。

その翌年、民生委員5年目に、かもめの設立準備が始まった。民生委員として声がかかって、図3−2にあったように考える会の設立、15時間のセミナーから参加した。セミナーの認知症の勉強のなかで、予防に指先の運動の必要性を強く感じ、折り紙に興味をもち、別に開催されていた認知症予防としての折り紙の講習会に参加する。そこでの学習の成果を行政区のサロンで試し、その後かもめで実践していく。

Aさんのかもめ設立時の参加の動機は、①自分のため、②行政区のため、③かもめのためが3分の1ずつだった（図3−3）。①はセミナーを通じた自身の認知症予防としてのカフェ活動、②については、竹田津では民生委員が行政区に1人ずつ配置されており、行政区の代表という性格が強いこと、またカフェスタッフも行政区ごとに編成され、利用者も当番のカフェスタッフの出身地区からが多いこと、③はかもめの設立プロセスを通じて竹田津

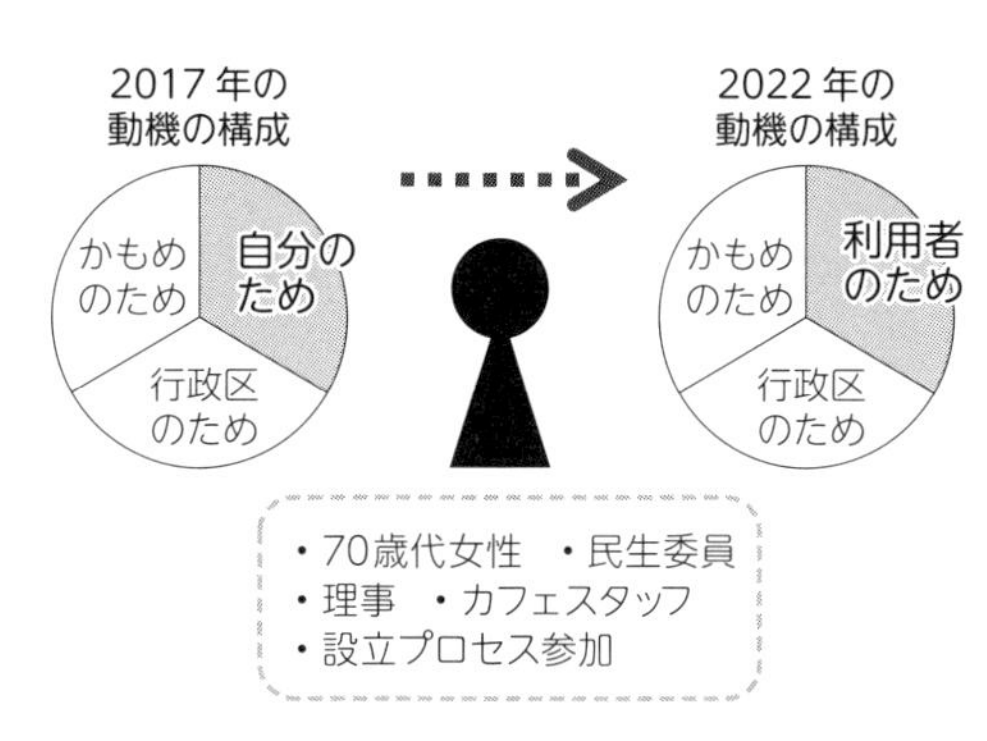

図3-3　Aさんの動機とその変化

（筆者作成）

というエリアへの帰属意識、貢献意欲が高まったことが理由である。

その後、2022年現在の動機は、利用者のため、行政区のため、かもめのためがそれぞれ3分の1ずつとなっている。当初自分のためだったものが、カフェで利用者と交流するうちに、利用者のため、という気持ちに置き換わった。またアンケートでは、かもめへの参加以降、かもめ以外も含めてさらに地域活動へ積極的になったと答えている。

(2)「仲間のため」から「利用者のため」へ

ふたり目は60歳代男性のBさんで、Bさんはかもめでは公民館でのカフェスタッフ、かもめ全体の事務局に加え、生活支援、弁当配布、各種会議、研修、視察受け入れにも積極的に対応する。またレク用の木工、竹工芸なども担当する。他方Aさんと異なり、行政区カフェにはスタッフとしては関わっておらず、またかもめ以外での地域活動にも特別積極的というわけではない。

Bさんは竹田津出身で、高校卒業後就職のため関西に移り40年過ごした。農家の長男だったこともあり、小さいころから実家を継ぐ、という意識はあり、仕事の定年、親のサポートのため58歳で竹田津にUターンする。ただ離れていた期間が長かったこともあり、行政区や竹田津に対する帰属意識や、貢献意欲が強かったわけではなく、当初各種の活動にも積極的というわけではなかった。かもめに関わるようになったきっかけは、かもめ会長Cさんからの声かけだった。BさんがUターンして2年目、夫婦での日課の散歩中にCさんから声をかけられる。当初は世間話だけだったが徐々に仲が深まり、かもめへ誘われ、夫婦で参加するようになった。したがってAさんと異なり、B

さん自身はセミナーや訪問調査など、かもめ設立までのプロセスには参加していない（図3－2）。Cさんからは当初理事就任を打診された。熱心なCさんの力になりたいという気持ちはあったが、まだ様子がわからないなかでいきなり理事は責任が重いと考え、代わりに事務局を引き受けることにした。

アンケートでのBさんの当初の動機は、①仲間のため、②利用者のため、③自分のためで、①が4割、②③が3割ずつだった（図3－4）。①は熱心に活動するCさんの存在、②の利用者は、自身も高齢の母の介護を通じて高齢者の役に立ちたいという気持ち、③は地域内での人間関係、仲間づくりである。

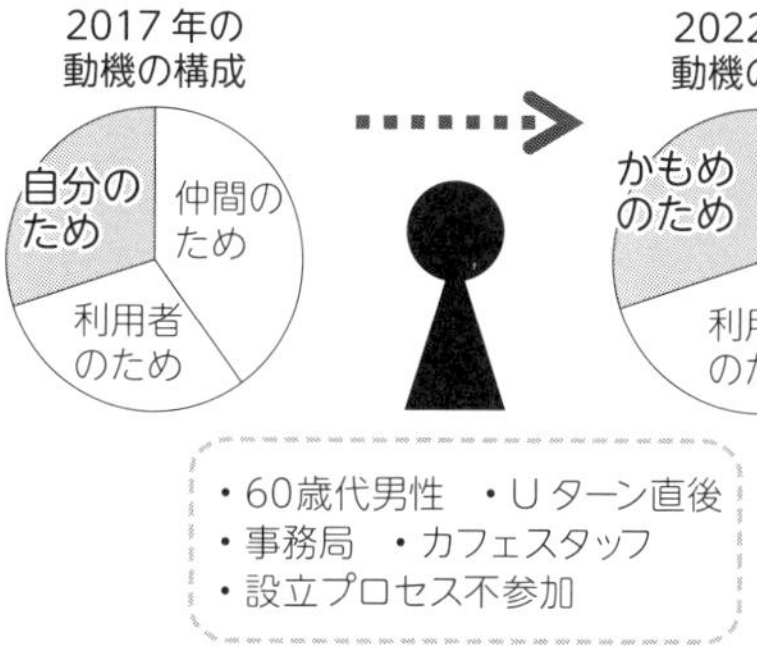

2017年の動機の構成
自分のため／仲間のため／利用者のため

2022年の動機の構成
かもめのため／仲間のため／利用者のため

・60歳代男性　・Uターン直後
・事務局　・カフェスタッフ
・設立プロセス不参加

図3-4　Bさんの動機と活動

（筆者作成）

その後5年経ち、２０２２年現在の動機は、利用者のためが4割、仲間のためが3割、かもめのためが3割となっている。地域内での人間関係が徐々に形成されるのにともない、「自分のため」という動機は小さくなり、代わりにAさん同様、カフェで交流するうちに、利用者のため、という気持ちが強くなった。また5年間の活動を通じてかもめ、竹田津全体に対する愛着、帰属意識が高まってきている。アンケートでは、Bさんもかもめの活動、運営への参加以降、かもめ以外も含めてさらに地域活動へ積極的になったと答えている。

なお、Bさんの妻であるDさんもカフェスタッフとして参加している。Dさんの参加当初の動機は、自分のためが10割だった。Dさんは関西出身でBさんのUターンに合わせて竹田津に来たため、人間関係をゼロから築く必要があり、そのチャンスとしてかもめをとらえており、竹田津出身のBさんよりもよりはっきりとした動機だった。２０２２年現在では、自分のためと利用者のためが半々となっている。かもめだけでなく、行政区内でも婦人会、観光振興のグループなどに参加してネットワークが広がり、それに合わせて動機も変化している。

5　動機の複合性と可変性

かもめの活発な活動の背景には、意欲的なスタッフの存在があった。そのスタッフは自分のため、利用者や仲間のため、行政区や竹田津のためといった各種の動機を様々な割合でもっていた。また、例えば「自分のため」であっても、Aさんのように自身の介護予防のためという場合もあれば、Dさんのように移住後のネットワークづくりというケースもある。

さらにその動機は一定ではなく、変化しながら活動を継続していた。Aさん、Dさんのように当初は「自分のため」が中心だったスタッフも、カフェや「ちょい加勢」で利用者と接するうち、助けたい、役に立ちたい、喜んでほしい、という「利用者のため」が強くなるパターンが確認できた。またBさんのように、活動を通してかもめという組織、竹田津というエリアへの愛着や帰属意識が高まってくるケースもある。さらに事例としては取り上げていないが、当初は主に利用者や地域のために参加していたものの、時間とともに、例えば自身の居場所があること、仲間と楽しく活動できることなど、「自分のため」が動機となっているスタッフもいる。
かもめは地域の高齢者の介護予防や生活支援を主な目的として設立された。しかし例えば民生委員として設立時から関わっているAさんであっても、当初の動機は「自分のため」であり、設立時には加わっていないBさん夫妻は、なおのこと利用者や地域のためという意識はもちにくい。それでも理事や事務局を引き受けたり、自身のアイデアで折り紙や木工など熱心に活動していた。そしてその後、コロナ禍での多少の変化はともないつつも、活発な活動は維持しながら動機は変化していく。このかもめの実態からは、組織の目的や理念と、自身の動機を直接結びつけて考える必要はなく、むしろ自分なりの動機を、その状況に応じて自由にもてることが、活発に活動するポイントといえそうである。「ごちゃまぜ」動機、硬くいえば「動機の複合性と可変性」を意識できると、より意欲的、継続的に活動できるはずである。その際、矛盾するようだが「地域や組織のため」以外の動機を上手く組み合わせてもつことが、地域で意欲的に活動する秘訣といえるかもしれない。

（山浦陽一）

注

1　かもめの設立の経緯や活動、運営の詳細については山浦陽一（２０１７）「地域福祉型の地域運営組織の展開と支援体制」（『農業研究』29、２８９―３１２頁）、山浦陽一（２０２２）「地域福祉型地域運営組織の総合化と支援の課題」（『農業研究』35、２２３―２５２頁）を参照。

2　地区社協とは、地区社会福祉協議会の略で、福祉委員会、校区社協など様々な名称がある。概ね小学校区単位で組織され、自治会長、民生児童委員、福祉委員、老人クラブ、ボランティア団体など地域福祉に関わる組織、役職者が参加する。市町村の社会福祉協議会の支援を受け、敬老会や高齢者の見守り活動などをしている。設置は任意で、全域に設置されている市町村もあれば、国東市のように一部設置、さらにまったくないケースもある。全国社会福祉協議会の2021年の調査によると、管内に地区社協があると答えた市町村社協は49・1%で、あるとした市町村社協の管内での設置率は72・1%となっている。詳しくは全国社会福祉協議会（2023）「市区町村社会福祉協議会活動実態調査等報告書2021」参照。

3 コロナ禍で公民館が使えなくなったことからそれぞれの行政区の集会所でのカフェに転換し、それが継続しているため、2023年度以降公民館でのカフェは週1回となっている。

コラム

丁寧なプロセス設計と「無理せんといて」

かもめは市社協の働きかけによって設立され、その後の運営も市社協の全面的なサポートを受けている。特に2節で述べた丁寧な設立プロセスの設計、実施が、多くの熱心なスタッフの確保につながった。ポイントは数多いが、ここでは区長による中心メンバーの推薦、丁寧なセミナー、全戸訪問調査の3つを紹介する。

まずは区長自身の参加ではなく、適任者の推薦を区長に依頼した点である。行政区長の地域代表性、正当性を担保しつつ、活動をけん引する人材を確保する一石二鳥の手法といえる。いきなり意欲的な人材を一本釣りすると、市社協と一部の有志の活動になってしまい、地域全体での取り組みになりにくい。他方、一般に区長は持ち回りになっており、地域活動に意欲的な方ばかりではない。この両者のデメリットを上手く吸収するのが、区長による推薦制度といえる。この各行政区からの被推薦者5人とAさんをはじめとした民生委員が核となり、かもめの組織づくりがすすんでいく。講演会には人口の約1割に当たる100人以上が集まったが、それも中心メンバーが熱心に声をかけたことで実現している。

2つ目は6講座15時間に及ぶセミナーの開催である。各回30から50人の参加があったが、ここでのポイントは、いきなり介護予防や生活支援、人口減少や高齢化といった地域の課題をテーマにしなかったことである。前半は食事や運動、介護など各自の生活をテーマに学習し、それらを充実させるためにも地域での取り組みが重要であることを丁寧に共有していった。これがAさんのように「自分のため」の動機をもつ人も、かもめの活動に熱心に取り組むポイントとなっている。

3つ目は全戸訪問調査である。中心メンバーに加え、セミナー受講者のなかから有志を募り、生活課題や実現してほしい地域活動、またそこへの自身の参加の意欲について聞き取りを行った。回覧や郵送など書面での調査ではなく、手間のかかる戸別訪問をあえてすることで、調査者は住民の生活実態や活動への期待を直で感じ取れ、「利用者のため」の意欲を高めることができる。他方で、被調査者も今後地域活動を担う住民の顔がわかり、カフェや「ちょい加勢」などの事業を積極的に利用する下地ができたという。

このような市社協による設立プロセスの企画、実施に加えて、かもめのスタッフのやる気を支えているのが、代表であるCさんのリーダーシップである。Cさんは前述の区長の推薦でかもめに加わった。Cさんは竹田津出身で、定年を機に大阪からUターンする。大阪での現役時代は小学校の教員で、特に特別支援学校や、経済的困窮家庭の多い地域での経験が豊富だった。その経験を踏まえUターン後も地域の人権活動に注力しており、適任者として当時の区長から推薦された。

Cさんはかもめの代表を引き受けるだけでなく、その後区長や竹田津の公民館長、市の支え合い活動の協議会の副会長なども歴任し、地域のリーダーとして活躍していく。またBさん夫妻をはじめ、U・Iターン者を含む多様な住民に声がけをして、次々にかもめのメンバーに引き込んできた。

これらの点から想像されるのは、トップダウン型の「マッチョ」なリーダー像だが、実際のCさんは物腰の柔らかい雰囲気で、大阪弁で「無理せんといて」、が口癖である。この言葉は、硬く解釈すれば、各自のやる気や環境に応じた継続的な活動を担保しつつ、メンバーの主体的、積極的な行動を引き出す、魔法の言葉である。このCさんがつくる柔らかい包み込むような雰囲気が、メンバーの「ごちゃまぜ」な動機、そして熱心な活動につながっているといえる。

（山浦陽一）

第4章

草刈り隊への参加動機の「複線化」

1　農村における草刈りの重要性

地域活動の定番のひとつとして草刈りが挙げられる。地域の作業として、休日を返上して真夏に過酷な作業を強いられる、という方もいるかもしれない。そんなマイナスのイメージが強い草刈りだが、実は近年「草刈り隊」と呼ばれる草刈り作業を担う組織が都市か農村かに関わらず、全国で多数みられるようになっている。農村の大半の草刈り隊は、共同作業や営農組織の活動をベースに設立されており、川の土手や農業用水路のほか、個人の農地の畦畔や遊休農地を対象に活動している。一方、都市では、業者に作業委託する財源がなく、地域のクリーンアップ活動の一環として草刈り隊が設立される場合が多く、幹線道路沿いや公園、個人宅の庭などを対象としている。いずれの場合も、共同作業をきっかけに組織化する場合が多い。

このような組織のメンバー構成は、都市ではその地域の住民が主体となることが多いが、農村では住民のほか、その地域の出身者や入り作農家[注1]、交流する都市住民など、多様である。農村で多彩なメンバーが参画し草刈り組織を結成するのは、過疎化や少子高齢化による人手不足が要因である。このため、草刈り作業が都市と農村をつなぐ役割を果たしたり、地域ぐるみの取り組みを推進するきっかけとなりえる[注2]。

農村では、草刈りを行うべき現場は変化してきている。これまでは主に川の土手や農業用水路、ため池の堤体といった共同利用する施設だった。そこでの草刈り作業は、地権者を中心とした地縁組織が担ってきた。しかし地権者が高齢化し、それらの施設の草刈りができなくなるだけでなく、各自が所有する農地の畦畔や遊休農地の草刈りも行えなくなっている。このため、農業生産の維持や地域の景観を保全するために、新たな組織をつくり担わざるをえない状況になっている。

また、農地を借り受けた農業法人や担い手農家が大規模化し、草刈り作業に人員を割けなくなっていることや、土地持ち非農家が世代交代し所有者自身が草刈りを行えなくなっていることなど、高齢化以外の要因による人手不足も起こっている。つまり、農村では様々な要因によって草刈りの人手不足が続く状況に陥っており、その担い手を確保するために、非農家を含めた多様な主体による組織づくりが進行していると考えられる。

このような草刈り組織は、作業の実施だけではなく、地域コミュニティの再生に一役買ったり、高齢者や障がい者等のいきがいとなったり、ビジネス化したりといった、様々な波及効果がある。そして、多様なメンバーが関わり、また多様な成果がでることで、その参加目的、動機の多様化も生じ始める。本章では、草刈り隊メンバーに焦点を当て、従来の一般的な共同作業で行う草刈りから発展した、草刈り隊への参加や継続の動機に接近する。

2　丹波篠山市における草刈り隊の活動

(1)　草刈り隊の設立と活動

兵庫県丹波篠山市は、兵庫県中東部に位置する都市近郊農村である。京阪神3つの主要都市からほぼ1時間の距離にあり、利便性は高いものの、四方を山に囲まれている中山間地域でもある(図4―1)。主要産業は水稲や特産品である黒大豆を中心とした農業であるが、その立地から第2種兼業農家が農業を支えている。都市からの移住も多くみられるが、山間の集落では高齢化が進行しており、農業の担い手も減少している。このため、多くの集落で、多面的機能支払交付金や中山間地域等直接支払制度を活用し、水路やため池の堤体といった農業用施設周辺の草刈り作業を、農家・非農家に関わらず共同で集落住民が担っている。

このような状況のなか、丹波篠山市は2020年から市独自の助成制度を導入し、草刈り隊の設立に対して10万円の補助を始めた。機械購入に対する助成制度は各地でみられるが、草刈り隊設立に対する助成は、全国でも珍しい。この制度が功を奏し、市内各地で草刈り隊が設立された。その先駆けとなったのが、市の西部に位置する今田町休場(やすんば)集落(図4―1)で設立された草刈り隊で

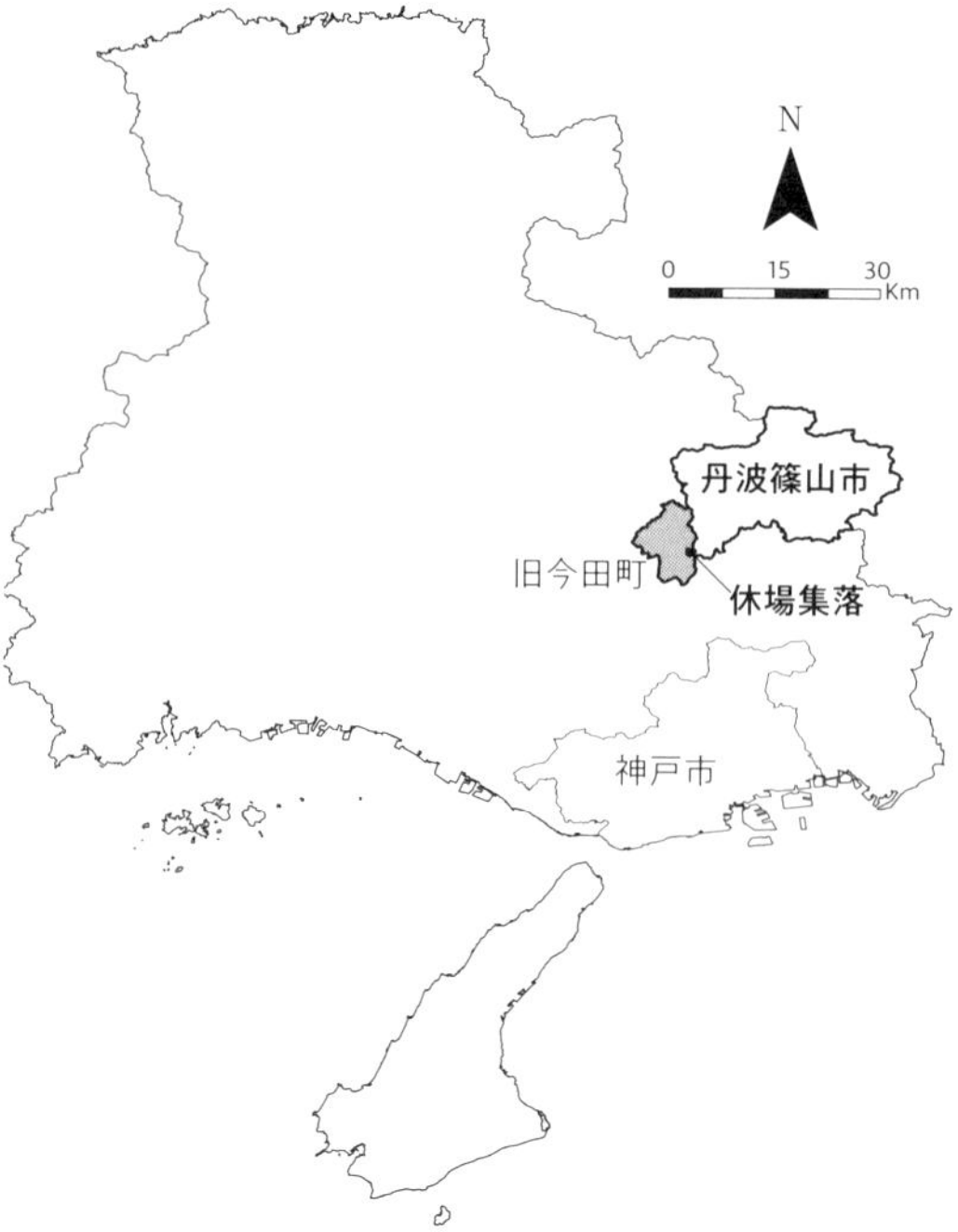

図 4-1　丹波篠山市休場集落の位置図
（筒井作成）

ある。休場集落の草刈り隊は、集落内の中核農家が体調を崩し離農したことを契機に、集落内の農家が協議を重ね、２０１９年3月に設立された。

草刈り隊の結成当初、休場集落には約15haの農地があり、25名の地権者がその農地を保有していた。農地の耕作は集落内外の農業者15名で耕作していた。農地の地権者は高齢化しており、耕作だけでなく畦畔の草刈りも困難になりつつあった。そのような状況下で中核農家が離農したことにより、草刈りはおろか、耕作自体が危ぶまれる状況に陥った。

幸いに、耕作は近隣地域の大規模農家に委託することができたが、集落農家が期待する回数の畦畔管理までは引き受けてもらえなかった。これまで離農した中核農家は集落の他の農家と同様に、年に4~5回の畦畔管理を行ってきたが、新たに委託された大規模農家は、作業を担当する従業員の確保や他の作業との兼ね合いもあり、年3回の畦畔管理が限界だった。丹波篠山市は美しい農村景観を誇る地域である。また、農村景観に対して住民も誇りをもっていた。「草を生やしっぱなしにしたら、生活の満足度が下がる」というくらいである。その誇りが、農業の担い手不足という問題によって損なわれようとしている危機に直面し、結成されたのが、休場草刈り隊である。

休場草刈り隊が結成されるまでに、集落の農業者が集まって隔週での協議が重ねられた。集落景観を守ることを目的に、年間の作業回数やメンバーの役割分担、作業に必要な資金確保の方法、作業者に支払う参加費や燃料代などの細かな経費について協議し、2019年3月に設立に至っている。協議を始めた当初は農業者がメンバーの中心だったが、メンバー確保のため、多様なルートで募集が行われた。例えば、集落内の回覧板を活用して参加者を募ったり、地域内外の人間関係をベースに直接声をかけるなどにより、メンバーを募集し、実際に非農家や入り作農家がメンバーとなった。このような多様な主体の参画が実現できたのも、多面的機能支払交付金における水路・ため池の草刈り作業のような、もともと共同で草刈り作業を行ってきた実績があったことが挙げられる。

なお、多面的機能支払交付金等の直接支払交付金の受け皿は、集落の農業者を中心にした組織であるが、草刈り隊はそのような受け皿組織および集落組織を基盤としつつも、それらの組織とは別組織として設立された。受け皿組織を草刈り隊とした場合、農業用施設周辺の草刈りが中心となり、個人の農地の畦畔管理に取り組みづらくなることが懸念されたことや、地権者から作業受託に対して料金を支払ってもらうため、収入が発生することなどが、別組織とした理由である。もともと集落住民の仲が良い地域であり、多面的機能支払交付金による共同作業にも、草刈り隊の作業にも、積極的に参加するメンバーが多いが、草刈り隊には集落外の関係者も参加するため、交流の場と捉えているメンバーもみられる。

休場草刈り隊が設立された当初のメンバーは27名で、うち集落外の入り作農家が2名参加している。農業者が10名、土地持ち非農家が9名、Ｉターン者や分家の農家子弟を含む非農家が８名で設立された。２０２４年10月現在では、耕作を担う大規模農家も草刈り隊に所属している。

（2） 草刈り隊の運営方法

休場草刈り隊では、集落で保有している草刈り機を貸し出す体制や、メンバーが保有する機械を使用した際の補償の仕方、年間の作業回数や作業日程、作業方法、作業時のメンバーの保険や講習会など、設立当初の議論において話し合われ、決定された方法を漸次、更新しながら活動している。設立当初は、草刈り作業に参加したメンバーへの支払単価は時給１０００円であったが、草刈りの回数を重ねるごとに作業効率が向上し、時給１２００円にアップするなど、作業の大変さに見合った報酬支払を実現させるような改善が図られている。大変な作業に対する報酬であるとともに、お小遣いとして楽しみにしているメンバーも存在するからだ。

地権者は、年3回の草刈り作業を依頼するのに対して、認定農業者の地代を元に算出された10ａ当たり２５００円を支払う。ただし、地権者からの草刈り作業に対する支払金額では草刈り隊メンバーへの作業労賃を賄えないため、多面的機能支払交付金の受け皿組織および集落と連携し、支出の約半額が補てんされている。年3回の作業は原則、耕作を受託している大規模農業者の草刈り作業が不足する4月と6月、9月に実施することとしているが、天候等に応じて日程を調整している。

毎回、参加するメンバーは20名前後であるが、その構成は固定化しているわけではなく、直前に決定する作業日に対応できるメンバーが入れ替わりで参加している。また、作業した日には必ず、交流会が実施されている。交流会は、草刈り隊の活動拠点ともなっている集落内の公民館で作業後に行われる。作業日は集落内の住民と草刈り隊メンバー全員に周知されているため、作業に参加できなくとも交流会に参加するというメンバーもみられる。この交流会は参加費がかかるものの、草刈り隊メンバーは、作業を通して得た報酬を元手に参加している。交流会では、「今日は頑張ってたくさん稼いだから余計に楽しめる」といった、報酬に関する話題で盛り上がることもしばしばである。

3　草刈り隊に参画する動機の変化

(1)　集落内農家の動機の変化

草刈り隊の設立時から、議論に参加してきた中心メンバーたちは、参加の動機として「地域の農地景観を維持するため」を第一に挙げる。例えば休場集落在住の農業者であり、草刈り隊の設立に貢献してきたA氏は、「休場集落という地域とその景観を維持するため」という動機を第一に挙げており、集落の他の農業者とも共有してきた。このことが、中心メンバーのみならず農家、非農家等のメンバーの参加の動機にもなったと考えられる。もともと多面的機能支払交付金等でもメンバーとして共同で作業してきたことも、動機の共有が可能となった一因である。

また休場集落は草刈り作業を怠ると、すぐに木本化するような雑草が繁茂しやすい。中山間地域であるため、草が伸びて見通しが悪くなると、獣が山から下りてきやすくなり、さらなる農地荒廃につながるという危機感もある。農地荒廃がすすめば、自身が耕作する農地も獣害に遭うかもしれないという恐れもある。また、自身が草刈り作業を行えなくなった際に、誰かに頼めるようにもしておきたいという発想もあるだろう。つまり、設立当初のメンバーは、「地域のため」という動機をかかげながら、少なからず「自分のため」にも草刈り組織に参画しているともいえる。

なおこのような営農活動を第一の動機にかかげる農業者を中心としたメンバーが、必ずしもほかのメンバーに同じ考え方、目的の共有を求めているわけではない。農業者であっても「後の交流会を楽しみにしているから」「作業は大変やけど後の交流会が楽しみで参加している」といった、自分自身の楽しみを第二の動機としているメンバーも少なくない。さらには「交流会で意見を深めることで、もっと作業効率が向上できる可能性を議論できるから」といった、組織運営の改善に楽しみを見出す、「組織のため」を動機としているメンバーもいる。

設立当初からの中心メンバーにとって、草刈り隊に参画する第一の動機は「地域のため」だが、第二の動機として、交流会を楽しみにする「自分のため」であったり、作業効率を図るといった「組織のため」であったりと、複線化してきている。ただし、草刈り作業に参加するだけで、そのような動機の変化が起こったとは言い難い。草刈り作業後の交流会があるからこそ動機の変化が起こっているため、しんどい草刈り作業ばかりではなく、セットで行われる「お楽しみ」も、継続的な参加のためには重要である（図4－2）。

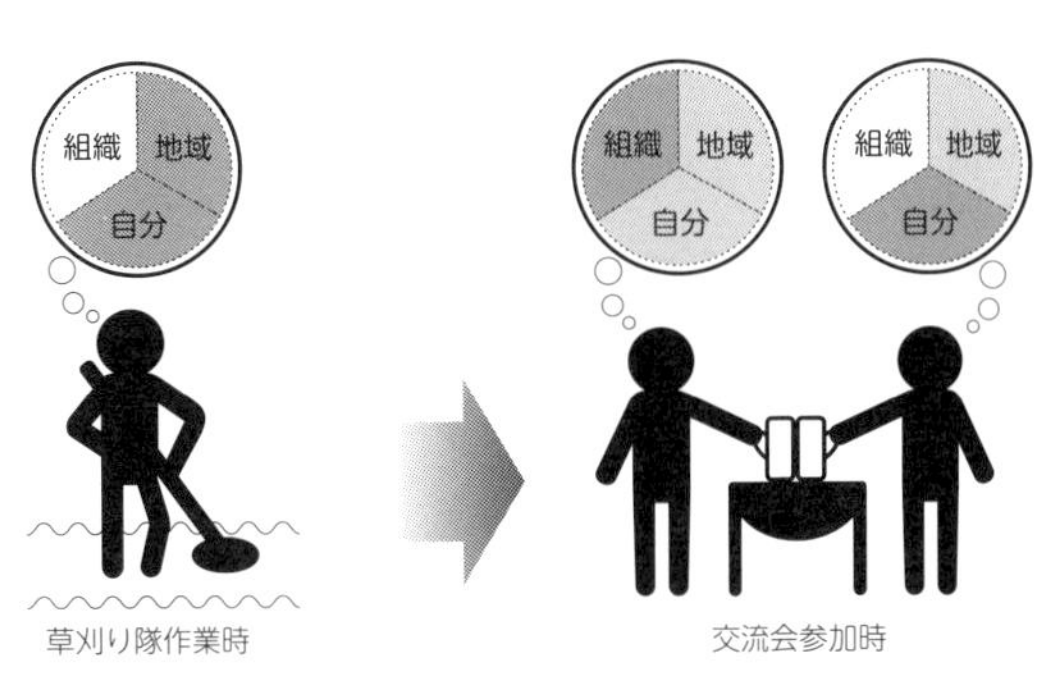

図 4-2　設立メンバーの動機の複線化
（筆者作成）

（2）入り作農家や非農家の動機の変化

一方で、入り作農家や非農家の草刈り隊への参加動機は、集落住民との意思疎通や情報交換といった「自分のため」が主体となっている。もちろん、このようなメンバーも、休場草刈り隊が設立された当初の目的である「農村景観の維持」を理解し、賛同して参画しているが、「いつも休場集落の人にお世話になっているから、これくらいは」といったように人間関係を重視し、作業後の交流会でも、集落住民と積極的に交流し、話しやすい関係性を構築している。

また、非農家のなかには「美しい農村景観が気に入って移住してきた」という移住者もおり、そのような景観の維持を図ることを目的に、「地域のため」に活動している住民も存在する。ただし、ひいてはそのような地域に居住している「自分のため」でもある。集落景観を維持するという共通の目的の下、集落の一員となって草刈りという共同作業に取り組むことは、集落住民として認められるという安心感にもつながるのだろう。

図 4-3　非農家や大規模農家の動機の複線化

（筆者作成）

このような安心感は、草刈り隊への参画の動機になりえる。さらに、草刈り作業後の交流会が、安心感を増幅させる役割を果たしている。集落の情報を獲得し、メンバーとして参画することで、「自分のため」から「地域のため」へと動機を変化させやすくなる（図4－3）。例えば、交流会では草刈り作業の内容だけではなく、日常的な会話がなされている。休場集落を含む広域地域では、例年、集落間の親善のためのソフトボール大会が開催されるが、そのソフトボール大会で誰が活躍したか、どの集落が強いか、どんな状態でソフトボール大会に参加したかといった、集落住民ならではの話題を楽しむ姿を頻繁にみる。

その一方で、大規模農業者の交流会での会話は、今日の草刈り作業は比較的ラクだった、誰がいちばん活躍していた、最新の機械を導入したらどれくらい効率化されるかといった、作業効率に関する話題が中心である。作業中だけではなく、その後の交流会の場でも情報交換し、草刈り隊の効率的な運営に貢献している。先ほどの地元集落農家が「組織のため」に行っていた作業の効率化に向けた情報交換が、大規模農家や非農家にとっては「地域のため」や「組織のため」の動機の変化のきっかけとなっている。いずれにしても、交流の場が設けられているからこそ起こった動機の変化であり、やはり草刈り作業と交流会のセットが重要であろう。

4　動機の変化と複線化

休場草刈り隊のような、多様なメンバーが参画するようになった草刈り組織では、共通してかかげることができる「地域のため」が、第一義の動機となる。ただし集落内の農業者も、入り作農家や非農家も、「地域のため」以外の第二義の動機をもちながら草刈り隊に関わっていた。

草刈り作業は個人が所有する農地やその畦畔まで含むと膨大となり、個別での対応は難しい。適切な作業を行うには、多様なメンバーが少しでも達成感や満足感を味わえることが重要となる。このため、休場草刈り隊では、しんどい草刈り作業に取り組むだけでなく、交流会による楽しみやメンバー同士のネットワークの強化を図っていた。このような交流会によって、メンバーそれぞれの「地域のため」以外の動機を生み出し、「しんどいけど頑張ろうか」という継続的な参加につながっている。

設立時からのメンバーの動機が変化していること、そのような変化を含め、多様なメンバーがそれぞれの動機にもとづいて参画することが、休場草刈り隊の継続にとって重要なのであろう。第一義として示される動機のほか、第二義の動機を見出すことができる環境にあることが、継続的な活動につながっていると考えらえる。つまり、第一、第二、第三と動機が複線化していくことが、メンバーにとっての参加継続の理由となっているのである。

他の組織化の事例では、ただただ「草刈り作業はしんどい」という声を聞くことも多い。その理由を聞くと、草刈り作業を行うためだけに集まっているからという場合が多い。膨大な作業を、「地域のため」だけでは取り組めない。また、当初の目的である「地域のため」に賛同しきれなかった人や、新たに参画しようとする人にとって、第一義の動機のみがかかげられた場合、参画しづらくなることも懸念される。このような場合にこそ、動機が変化してよいこと、いろいろな動機があってよいこと、つまり動機の複線化が許容され、むしろ推奨されることが、草刈り組織の活性化につながると考えられる。

5　まとめ——継続するための「建前と本音」の動機

冒頭に示した通り、農村では、多様な主体が草刈り作業の担い手として期待され、そのような人々を巻き込んだ草刈り組織が結成されている。一般的な組織では、地域のために作業することを期待されるが、休場草刈り隊の事例からわかる通り、参加の動機は「なんでも、いくつあってもよい」。草刈り作業は、過酷で危険をともなう作業であるにも関わらず、継続的に取り組む人が現れるのは、参加の動機が変化しても、たくさんあっても、許容されるからであろう。つまり、参加するために「建前と本音」を使い分けることができる動機がたくさんあることが、継続性につながると考えられる。

ただし、最初から「なんでもいいから関わって」というやり方では、意義を理解できずメンバーのやる気は生まれない。当初は、誇りに思っている農村景観の維持のような、誰もが納得しやすい共通の目的がかかげられることが、参画を容易にする。例えば、多面的機能支払交付金による農業用施設の草刈りのような共同作業も、補助金から謝金も払えるし誰でもいいから関わってほしい、という姿勢では、意欲的なメンバーは獲得できないのではないだろうか。他方で多くの共同作業は休日の朝の間に短時間で行われ、作業をしたら解散という場合が多い。このような場合、参画メンバー同士での交流はしづらい。

誰もが共感しやすい目的がかかげられるなかで、それに共感しながらもほかの動機を見出せること、動機が変化しても、「(建前としては) 集落のために草刈りしているけど、(本音では) 集落の人と交流すること」といった自分自身のための目的を追加し複線化しても、許容されることが重要なのである。さらに、多様なメンバーの多様な動機を生み出し、許容する場としての交流会の存在が、継続的な参加を醸成する場となる。

草刈り作業そのものを楽しく感じるのは難しいかもしれないが、地域にとっての意義を理解すると同時に、その作業前後で仲間づくりや情報交換、スキルアップといった様々な機会につながるという意義があることも理解できると、過酷な草刈りにも、前向きに取り組めるのではないだろうか。

(木原奈穂子)

注

1 農家が自身の集落以外の地域で田畑を借り、通いながら耕作する場面が散見される。そのような他所の集落の農家を受け入れる側の集落では、当該の農家のことを「入り作農家」と呼ぶ。

2 草刈り隊がどのように設立され、運営されているのかは木原・中塚〔2020a、2020b〕や木原

〔2022〕に詳しく、それらも参照されると本章の理解が深まるだろう。

木原奈穂子・中塚雅也（2020a）「地域における畦畔管理作業受託の実態と展開課題：兵庫県丹波篠山市を事例として」『農業経済研究』91（4）、431―436頁
木原奈穂子・中塚雅也（2020b）「集落における畦畔管理請負の組織づくりと展望」『農林業問題研究』56（2）、70―75頁
木原奈穂子（2022）「6章　草刈り作業とスピンオフチーム」中塚雅也・山浦陽一編著『地域人材を育てる手法』農山漁村文化協会、143―168頁

コラム

参加したくなる動機を生む場をつくる

草刈り組織は、その名に従い、草刈り作業に邁進しがちである。ただしそれでは、参画の動機が「農業生産のため」や「地域のため」に画一化しやすい。一般的な組織では、目的を統一し、参画動機が画一化している方が、人材の管理がしやすいかもしれないが、草刈り組織をはじめとする地域の組織は、多様な人材が関わる組織である。このため、動機の画一化は、それだけ参画者の減少・抑制につながりやすい。

このような動機の画一化を防いだ休場草刈り隊では、誰もが納得できる「地域のため」「組織のため」という理念、目的をかかげつつも、メンバー個人がもつ「自分のため」の動機を許容し、そのときに必要な動機を「建前と本音」で組み替えることができる環境を整えていた。半日をか

けて作業に取り組む草刈り隊の活動およびその後に開催される交流会が、そのような動機の創出や変化を許容する場となっていた。

この交流会は、設立当初から実施が計画されていた。設立時は、新型コロナの感染拡大時期であったため、設立から3年ほどは交流会は開催できなかったが、当初から「交流会は絶対セットで行う」と決めていたA氏やほかの農業者が、交流会を決してあきらめなかった。それほど、交流会を重要視していたといえる。A氏は「多様なメンバーが集まり、多面的機能支払交付金ではカバーできない畦畔の草刈りに取り組むからこそ、意見交換・情報交換が重要」と考えており、もともとの草刈り隊メンバーだけではなく、耕作を受託している大規模農業者にも交流会参加を呼びかけるなど、休場集落に関わる人の交流が活発になるように配慮していた。

交流会の準備は、草刈り隊の中心メンバーが主に担うが、メンバーがそれぞれ自分の農地で取れた野菜やお酒を持ち寄り、全員で臨機応変に交流会を盛り上げている。集落に関わる人同士で自由に交流することができる環境づくりに、草刈りの作業と同じくらい気を配ることが、草刈り隊に参加したくなる動機を生み出すポイントなのではないだろうか。

（木原奈穂子）

第5章

農泊受け入れ家庭のやる気を持続させる「心からの交流」

1 「地域のため」だけではない農泊

「安心院」と書いて「あじむ」と読む珍しい名前の地域が大分県にある。一説によると「ユートピア」の意味をもつこののどかな安心院町では、都市住民が農村に滞在し農業体験や受け入れ家庭との交流を楽しむ農村民泊、いわゆる「農泊」の取り組みが30年近く行われている。今や全国で人気の観光となっている農泊であるが、安心院町はその発祥の地であるといわれている。

農泊の主役は、受け入れを行う地元のお母さん方である。修学旅行でやってくる中高生から外国人観光客まで様々なお客さんを迎え、それぞれの得意分野を活かしたおもてなしや交流を行っている。また、安心院の農泊には「一回泊まれば遠い親戚、十回泊まれば本当の親戚」になれるという何とも心あたたまる仕かけがあり、受け入れ家庭とお客さんの間に強い絆が生まれるのである。調査を通じて筆者に語ってくれる彼女たちの言葉は、農泊を通してえられる充実感、喜び、楽しみにあふれている。

地域活動に参加するとき、「地域のためにがんばらねば」と無意識にハードルを上げているということはないだろうか？　自分が主役となって、自身が心から「楽しい」「続けたい」と思えることが活動を継続する鍵となる。「地域のため」と過度に気負わず「自分のため」に参加する地域活動の形を安心院の農泊が教えてくれる。

2　日本の農泊発祥の地・安心院

安心院町は、２００５年に旧宇佐市、院内町との合併で宇佐市の一部となった（図5−1）。人口は旧安心院町で５５１７人、世帯数は旧安心院町で２３４０世帯（いずれも２０２０年国勢調査）であり、本章で対象とする農泊は安心院町を中心として宇佐市全域で行われている。

安心院町のグリーンツーリズムは、１９９２年に始まった。ぶどうの栽培面積の減少に不安を抱えた農家中心の8名が「アグリツーリズム研究会」を組織し、観光農園や産直の勉強を重ねた。さらにメンバーを広げて１９９６年に「安心院町グリーンツーリズム研究会（以下、GT研究会）」となった。

取り組みを開始して以降、教育旅行を中心に着々と受け入れ実績を上げており、２０１６年の熊本地震や２０２０年からの新型コロナウイルス感染症の流行により大幅に減少したものの、

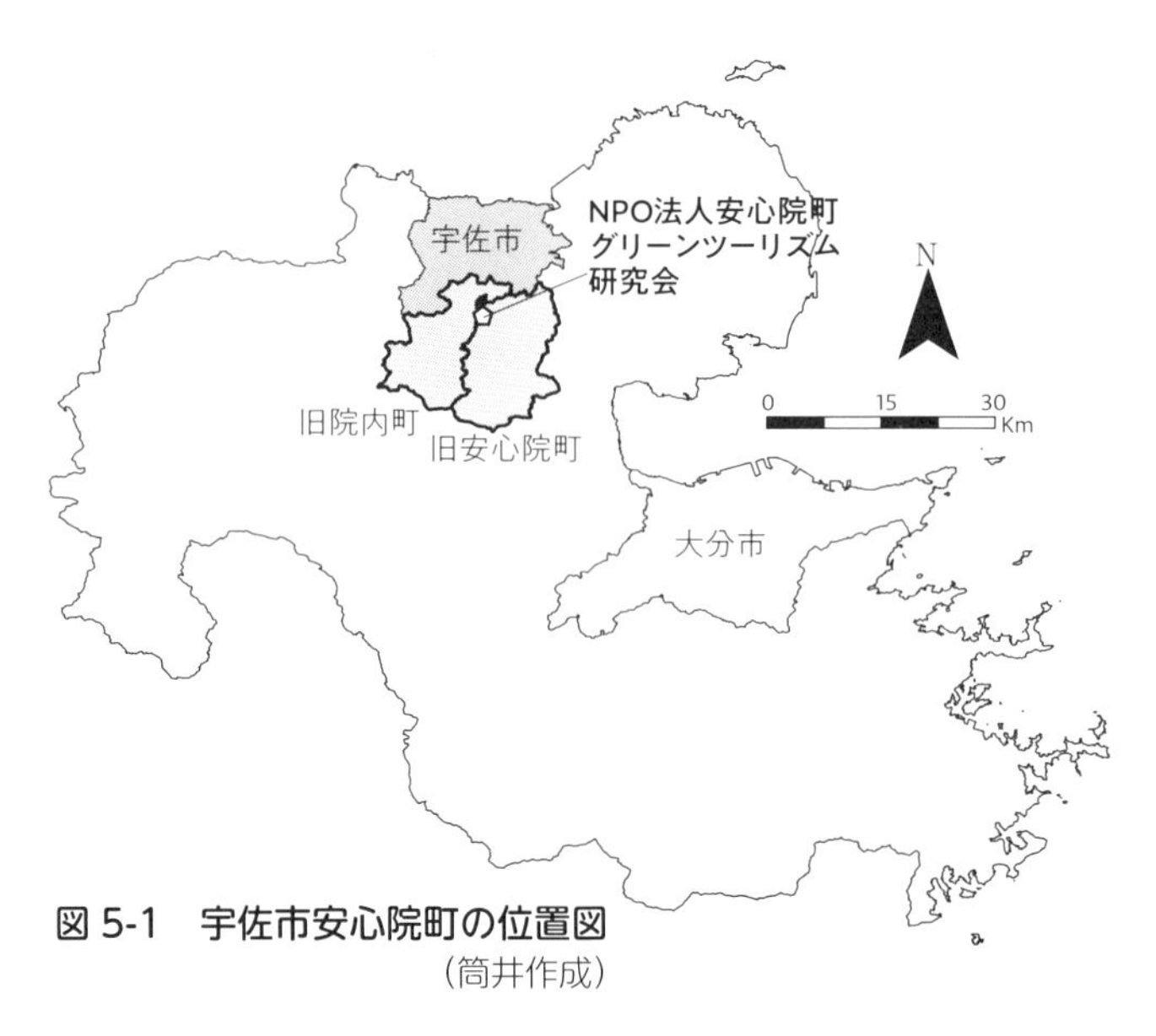

図 5-1　宇佐市安心院町の位置図
（筒井作成）

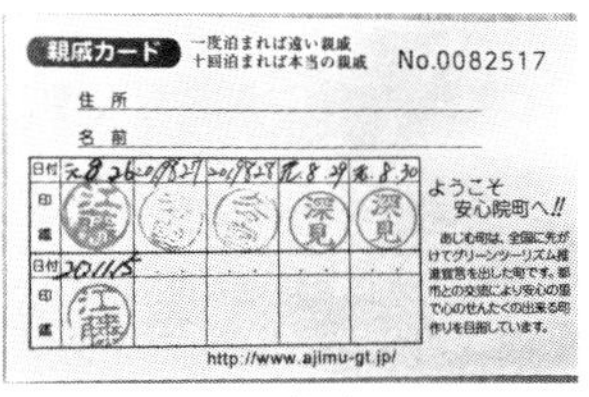

図 5-2　会員カード（表面・裏面[注2]）
（2022 年 1 月 19 日須藤撮影）

２０１０年以降の多くの年で年間延べ１万人近くの受け入れを行っている。

　安心院で行われている農泊は「安心院方式」と呼ばれ、嶋田[注1]はその構成する柱として、ひとつは市民・行政・議会が一体となった推進体制を、もうひとつは「会員制農泊」の取り組みの２つの要素を挙げている。後者については会員カードによる会員制を導入しており、町内どこでも一回泊まったら遠い親戚、十回泊まったら本当の親戚というシステムで、お客さんと近い関係での交流を行っている（図５―２）。その結果、地域への経済効果だけではなく、都市住民に癒しや感動の時間を提供する「心のせんたく」効果、農村女性の社会進出効果、受け入れ家庭が元気になるという福祉効果など、様々な効果があるとしている。

3 農泊の受け入れの始まり方

ＧＴ研究会に所属して農泊を営む家庭の軒数は、旧宇佐市で21軒、旧院内町で9軒、旧安心院町で21軒、合計51軒である（２０２２年1月26日現在）[注3]。ＧＴ研究会には７つの部があり、農泊部が宿泊の受け入れを行っている。以下ではお話をうかがえた8組の家庭の農泊開始の経緯を紹介したい。

・屋所（やどころ）明美さん【院内町】

福岡県出身で、ご主人とお孫さんが安心院を大変気に入られたため、毎週安心院に遊びに通いながら移住先の空き家を修理するという生活を続けた。農泊はＧＴ研究会会長に勧められ、２００８年に受け入れを開始した。

・佐藤美代子さん【安心院町】

大分市出身で、安心院出身のご主人と大阪で25年ほど生活をし、家を継ぐために安心院へ移住した。農業だけでは食べていけないと考えていたが、安心院でグリーンツーリズムが盛んであることを知り２００８年に農泊を開始した。

・河野和子さん【安心院町】

佐伯市出身で、ご主人の退職を機に、東京からご主人の地元である安心院へ移住され、2015年から農泊を開始した。自身も専業農家に生まれ育ち、幼いころから農業に触れてきた。

・江藤光子さん・逸郎さん【安心院町】

北九州市でのお仕事の定年退職ののち、逸郎さんの地元である安心院に移住した。以前から農泊の受け入れをお手伝いされており、2009年にご自身でも農泊を始められた。

・権藤のり子さん【院内町】

大阪府堺市出身で、ご主人の地元である院内へ移住してから43年になるが、今も関西なまりが抜けないお話上手なお母さんである。2008年より農泊を始め、受け入れ家庭のなかで唯一、一人暮らしで受け入れをしている。

・輿水稔枝さん【院内町】

福岡県出身で、ご主人は大分市の出身であり、現在のお住まいは田舎暮らしで第二の人生を、と購入したものである。ご主人が料理人であったこともあり、院内町で有名な石橋見物にやって来る観光客のため、納屋を改装してギャラリー兼喫茶店をつくられた。2014年に農泊を開始した。

・丹生町子さん・猛さん【安心院町】

安心院町の出身で、地元の保育園で保育士として働かれていた。現在もパートで保育園のお仕事をしながら、2015年から夢だった農泊受け入れをされている。同じく安心院町出身の猛さんと一緒に、しいたけやお米の栽培などの農業も行っている。

・**深見輝人さん【安心院町】**

安心院町の出身で中津市での仕事を退職したのち、安心院町の深見地区まちづくり協議会の事務局を務めている。農泊は、子育てでお世話になった地域にお返しがしたいとの思いで２０１８年にスタートされた。

4　やる気と「心からの交流」

（1）　継続要因の把握の方法

本章では30年近くも継続されている安心院の農泊の、個々の受け入れ家庭が農泊を継続しているその要因を明らかにする。特に創成期から関わっている受け入れ家庭ではなく、安心院の農泊がある程度〝カタチ〟になった段階から参加した受け入れ家庭の方々の継続要因は何であろうか。

その要因を探るため、まず先行研究(注4)をもとに79個の地域活動の継続要因を抽出し、その79個の継続要因を28個に集約して仮説的継続要因を設定し（表5−1）、28の項目一つひとつをそれぞれ印刷してカードにしたものを用意した。そして、各項目に関する質問と会話をしながら、筆者がカードを「○（＝あてはまる）」「×（＝あてはまらない）」「△（＝どちらでもない、わからない、時による）」の3つに振り分け、その要点の整理と、筆者の解釈を行った。(注5)その上で「心のせんたく（＝スローガンでもありGT研究会の広報誌のタイトルでもある）」を実践する交流を「心からの交流」

表 5-1　先行研究から抽出した地域活動の仮説的継続要因

(1) 仲間づくりに関するサポート	(15) 仲間との交流があること
(2) 研修などの教育により知識や情報を吸収できること	(16) 個人の負担を減らすための無理のない役割の充当
(3) 報酬や慰労等、収益が分配されること	(17) 異なる役割を担う多種多様な人々がいること
(4) 話し合いによる意見の共有が行われること	(18) 些細な活動でも継続すること
(5) 生活圏内に拠点となる場所があること	(19) 共通の目標により結ばれたメンバーの絆
(6) 会報などによる情報発信が行われていること	(20) 地域への貢献意欲と地域貢献への実感の享受
(7) 基本的継続活動と時流による活動の組み合わせ	(21) 地域社会での経験からの問題意識による活動意欲
(8) 自分の可能な条件で活動に参加できること	(22) 自然体で自分らしくいられること
(9) 活動のための必要かつ十分な予算があること	(23) 地域の将来と活動の継承を案ずる気持ち
(10) 自分の住む地域を知る取り組み	(24) 地域に対しての興味・関心や愛着の気持ち
(11) 活動が地域の一部として当たりまえの活動となっていること	(25) 実践活動により経験が積めること
(12) 地域住民や学校・行政の協力	(26) 活動による積極的な精神の変化
(13) リーダーの存在	(27) 楽しみ・充実感といった精神的効果の実感
(14) お互いの相手を思いやる気持ち	(28) 新たな価値を創出すること

（筆者作成）

と位置づけ、それと個々人の継続要因との関係を考察した。

安心院の農泊には従来の観光にはない受け入れ家庭とお客さんの「心からの交流」があり、「心のせんたく」とも強く結びつく。それを提示するため、受け入れ家庭の方の発言のなかから、28項目のなかで特に「心からの交流」に必要な6項目と、それらを下支えする受け入れ体制に関わる5項目を抽出した。ここでは表5－2に従いながら要点を紹介する。

表 5-2　ヒアリング結果から抽出した「心からの交流」の項目と下支えする項目

	仮説的継続要因	ヒアリング要点	解釈
受け入れ体制	(7) 基本的継続活動と時流による活動の組み合わせ	・お客さんによって接し方を変える ・季節ごとに異なる体験	長期的な変化、短期的な変化に臨機応変に対応
	(8) 自分の可能な条件で活動に参加できること	・自分が楽しむことが基本 ・農作業の時間を確保 ・ほかの地域活動を犠牲にすることも	基本的には自分の都合が優先である一方、必ずしもそうではない方も
	(11) 活動が地域の一部として当たりまえの活動となっていること	・大半の住民は受け入れに好意的 ・気を遣う場面も	受け入れ家庭自身もそのための努力をしている
	(12) 地域住民や学校・行政の協力	・行政のグリーンツーリズム推進係の方の支援 ・地域交流ステーションの利用	行政、GT 研究会、受け入れ家庭との連携がある
	(17) 異なる役割を担う多種多様な人々がいること	・不得意なことはほかの受け入れ家庭の方が教えてくれる ・お互いのことはあまり聞かないしいわない	活動全体の継続理由になっているが、個人として継続する直接的な理由にはなっていない場合もある
「心からの交流」	(18) 些細な活動でも継続すること	・子どもを否定しない ・第一次産業の大切さ伝える	人生の先輩として伝えたいことや、迎えることへの責任感がある
	(21) 地域社会での経験からの問題意識による活動意欲	・生身の人間の感情を忘れないでほしい	農村に生きるお母さん方の思いと、それを伝える責任感
	(22) 自然体で自分らしくいられること	・「気遣わんでいいよ、私も気遣いたくない」	両方が気を遣わないのが理想である
	(25) 実践活動により経験が積めること	・農泊での経験が実生活に活きる（障がいのある子どもの受け入れ） ・続けるほど慣れ、感動が薄れる	考えを深めたりすることができるが、緊張感をもち続けることは続けるほど困難
やる気	(26) 活動による積極的な精神の変化	・農泊のために野菜づくり ・子どもたちの生活の差	受け入れ家庭ごとに様々な点で視野の広がりを実感
	(27) 楽しみ・充実感といった精神的効果の実感	・相談してくれる ・子どもの顔をみると充実感 ・夫婦で会話が出てくる	調査のなかでもっとも話が膨らんで相手の方の熱い思いが伝わってきたと感じた項目

（ヒアリングデータをもとに筆者作成）

（2）「心からの交流」に必要な要因

(18)些細な活動でも継続することの項目では「『ダメじゃねえかあ』とかって怒るんじゃなくして、何でそういうことするかって、それからいくから」や「第一次産業ってすーごい大事な職業なんだよっていうことを必ずいいます」など主に教育旅行で農泊を利用する都市部の中学生に向けて、農村に住む住民として様々なことを教えたり、伝えたりしていることがわかった。(21)地域社会での経験からの問題意識による活動意欲の項目でも似たような意見が聞かれ、「生きてる楽しさを伝えればいいやんって、私は今思ってます」と子どもたちが生きていくうえで大切なことを学ぶ場になっていると考えていることがわかる。(22)自然体で自分らしくいられることの項目では、「お客さんとおもてなしをする受け入れ家庭」という関係性でありながらも、「お互いにフレンドリーでいって、『気遣わんでいいよ、私も気遣いたくない』っちゅうような感じのね、あれが一番いいじゃないですか」のように受け入れ家庭もお客さんもありのままの自分をさらけ出せる、という方がほとんどであった。(25)実践活動により経験が積めることでは「出会いっちゅうのと思い出があるねえ（中略）ここでお泊りした人と、こっちのもん送ってやったら向こうのもん送ってくるとか」、その後の関係の継続が経験となっているという意見が聞かれた。

(26)活動による積極的な精神の変化では「人とのつながりがね、こんなに大事で、ありがたいことなんやっていうのは、あの、教えてくれたというかね、この、農泊が教えてくれたんだって思う」という意見が象徴的である。(27)楽しみ・充実感といった精神的効果の実感の項目では「自分もこう、気取ってないし、ぶつかってくるし、それを何となく、兜脱がしてあげれる」や「本当1泊しかしてないで（中略）24時間おったわけじゃないし、それでも何かね、すごいよいんよね、帰る時はね」といったように農泊により受け入れ家庭の方にプラスの感情がもたらされるという点で共通しており、それは交流によるところが大きい。これらのことから、「心からの交流」に必要な要因はこの6つであるといえる。

（3）下支えする要因

ところで「心からの交流」は、交流が継続的に行われていることが前提であり、継続的に受け入れるための受け入れ体制が整っていることなしには達成できない。そこで「心からの交流」を支える受け入れ体制に関する要因としてここでは、(7)基本的継続活動と時流による活動の組み合わせ、(8)自分の可能な条件で活動に参加できること、(11)活動が地域の一部として当たりまえの活動となっていること、(12)地域住民や学校・行政の協力、(17)異なる役割を担う多種多様な人々がいること、という5項目を特に重要な点として挙げる。

まず(7)では、受け入れ家庭の負担を軽減するため、そしてお客さんにより充実した時間を過ごしてもらうために時流による臨機応変な対応が行われていることがわかった。例えば、２０２１年には大分県北部振興局地域創生部による「オンライン農泊」が開催され、コロナ禍においても安心院町の受け入れ家庭との交流を楽しむことが可能となった。また(8)では「生徒さんに迷惑かかるでしょ？　自分がきつかったらね」という発言からは、お客さんに気持ちよく過ごしてもらうために重要なことがわかる。こうした受け入れ家庭の心がけにより、繰り返し訪れたいと思える空間ができているのではないだろうか。

そして(11)や(12)の項目では、受け入れ家庭だけでなく地域全体で農泊への関心を高め、それぞれの立場でできることを行っていくことの重要性がわかった。近隣住民が行っていることとしては、教育旅行で訪れた学生さんや一般のお客さんに対してあいさつをしたり話しかけたりすることや、受け入れ家庭に対する応援の声かけなどがヒアリングから聞かれた。これらは地域全体で農泊をすめる雰囲気づくりに重要であると考えられる。行政の協力についてヒアリングでは、グリーンツーリズム推進係の担当者の協力がありがたいと多くの方が口にされていた。担当者の方は受け入れ家庭と積極的にコミュニケーションを取ることを意識したことに加え、GT研究会事務局と新しい農泊のパンフレットを作成するなど情報発信にも注力された。行政の立場として農泊をともに推進していくことも、さらなる受け入れ体制の整備に重要であると考えられる。

安心院方式の特徴として「安心院方式っちゅうのはね、自分のほら、得意なことをしてするやろ?」と説明しており、得意分野を活かした自分なりの体験内容を行うのが安心院の農泊の特徴であることがわかる。筆者のひとりでもある須藤も複数のご家庭で農泊を体験してみて、家庭の雰囲気や出てくる料理など、その多様さに驚きつつも非常に魅力的に感じた。そのような意味では(17)は、人の数だけ受け入れの形があるといえる。

5 「心からの交流」が支える継続

以上の考察より、「心からの交流」に必要な6項目と、それらを下支えする受け入れ体制に関わる5項目の計11項目が28の仮説的継続要因のなかで重要だとわかった。特に6項目は、受け入れ家庭の継続に対するやる気にも深く関わっている。そこで、受け入れ家庭の視点からこの6つの項目の関係性を考える（図5−3）。

(21)地域社会での経験からの問題意識による活動意欲の項目には、「○○を伝えたい！」という意欲が込められている。また(22)自然体で自分らしくいられることという項目では、受け入れ家庭とお客さんが対等な関係であることがわかる。この「○○を伝えたい！」という思いと、ありのままの自分をさらけ出せるという2つの要素をかけ合わせることによって、お客さんと心を通わせることができるのではないだろうか。

その結果、具体的な行動に関わる(18)些細な活動でも継続することの項目では、こうしたお客さんとの対話を大切にしているという声が多く聞かれ、この日々の積み重ねが農泊の受け入れにおいて非常に重要であることがわかる。こうした日々の受け入れが、経験となって蓄積されていく。(25)実践活動により経験を積めることの項目では、経験の積み重ねによってえられたお客さんとの出会いのありがたみを語っている。

そして、これら日々の積み重ねが、(26)活動による積極的な精神の変化と、(27)楽しみ・充実感といった精神的効果の実感という受け入れ家庭自身のプラスの意識変化につながり、それが農泊という活

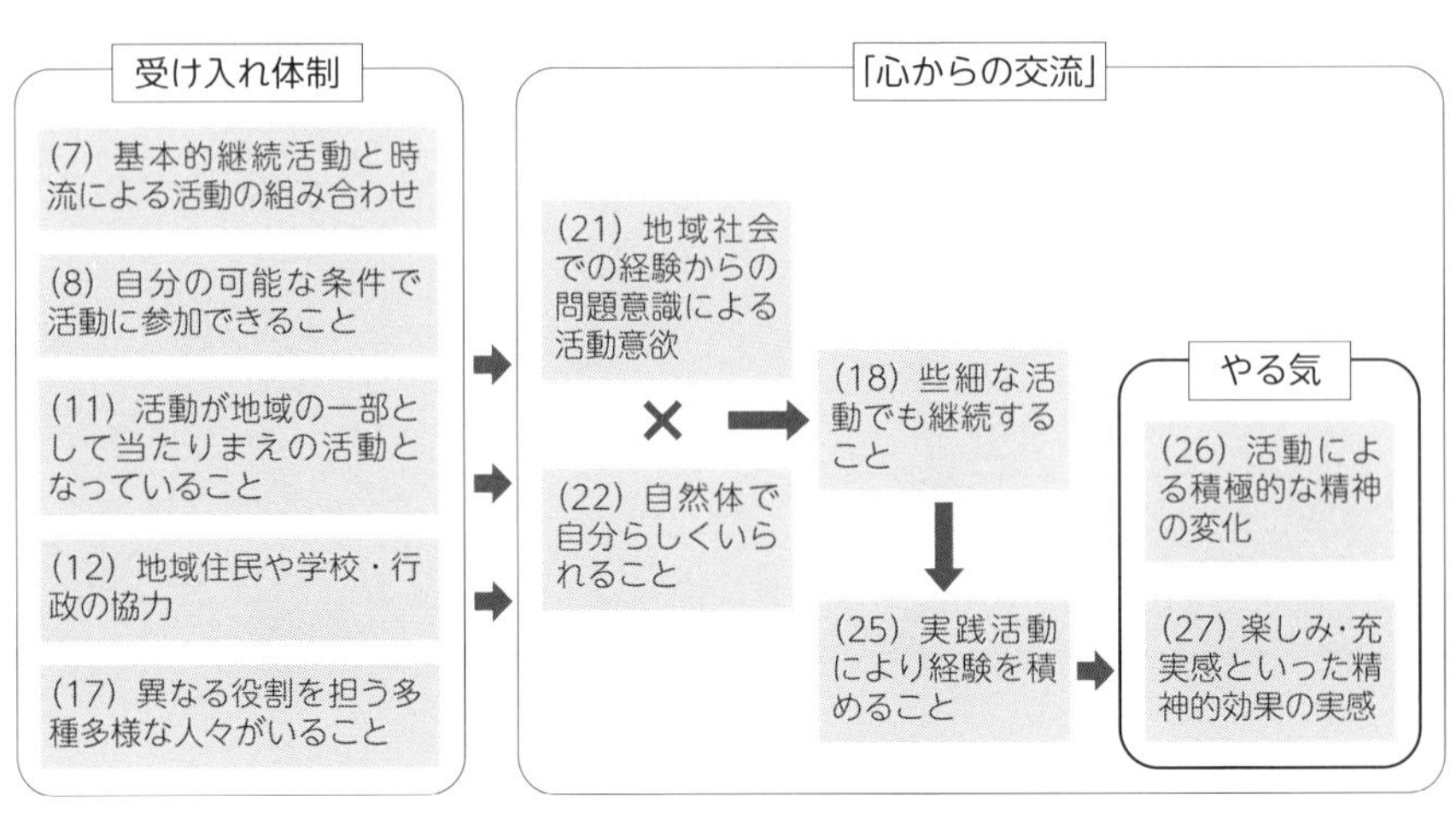

図 5-3 「心からの交流」とやる気の関係

（筆者作成）

動のやる気になっていると考えられる。このような「心からの交流」は、お客さんも受け入れ家庭も、さらには受け入れを行っていない地域住民も、お互いが気持ちよくともに時間を過ごせるような受け入れ体制が確立していることが前提となっている。

ここからわかるのは、農泊を継続している大きな要因が、受け入れ家庭の喜びであるということである。農泊は、グリーンツーリズムという地域振興のひとつの形として期待され、現実にその効果も大きい。ただ、ヒアリングの際には「地域に貢献とか思わんな、うちらはもう、来た人にははいはいっちて、喜んでくれてな、さよならちゅてもうそれで終わりじゃ」という言葉も聞かれ、受け入れを行っている本人には「地域のために」という意識があまりないというケースもある。同じような意見の方はほかにもおり、地域活動において「地域のために自分ががんばらなければならない」という意識は、本人を地域活動へ突き動かす原動力になる側面もあるが[注6]、安心院の実態からは、自分自身が楽しむことが力となり、結果的に継続につながっているということができる。お一人おひとりが、農泊を通じて何かを伝えたいという思いをもつことと、ありのままの自分をさらけ出すことを意識すること、そしてこれらをともなった具体の活動そのものが大切であり、その結果としてやる気が生まれる。このやる気の醸成プロセスこそが、従来の観光にはない受け入れ家庭とお客さんの「心からの交流」という安心院の農泊を特徴づける原動力となっているのである。

（須藤珠里・筒井一伸）

注

1 嶋田暁文（２００９）「制度化の政治学～制度化アリーナの重要性と分権改革の意義～」『自治総研』35（1）、1–38頁

2 筆者のひとりである須藤が２０１９年の地域づくりインターンでの農泊体験の際に発行していただいたものである。

3 ＮＰＯ法人安心院町グリーンツーリズム研究会提供による。

4 以下の文献を参考にした。

青山良子（２０１２）「小地域福祉活動の継続要因についての検討」『敬和学園大学研究紀要』21、31–42頁

秋山さちこ・海老真由美・村山正子（２００４）「住民自主組織に所属する個人エンパワメント構造」『日本地域看護学会誌』7（1）、35–40頁

大西昭子・池田恵美子・高藤裕子・黒岩郁子・今村優子・松村晶子・山岡享子（２０１４）「住民主体のさえあい活動の継続を可能にする要因の研究」『高知学園短期大学紀要』44、9–21頁

霜越多麻美・宮﨑美砂子（２０１８）「地域組織活動の継続要因に関する文献レビュー――看護学等、多領域にわたる scoping review」『千葉看護学会誌』23（2）、1–9頁

田中富美子・佐藤裕見子・小石真子（2021）「地域における子育て支援ボランティア活動の継続要因」『日本健康医学会雑誌』30（1）、108—114頁
田村英介・牧山正男（2002）「継続可能なグリーン・ツーリズム活動の運営について」『農村計画学会誌』21、109—114頁
成木弘子・飯田澄美子（2003）「コミュニティ・ケアを目的とした自主組織活動への参加を継続する要因—都市における事例研究—」『日本健康教育学会誌』11（2）、93—103頁
福田恵子・佐藤豊信・駄田井久（2007）「地域づくりへの継続的参加に関する要因分析—活動者の貢献と効用の享受の観点から—」『農村計画学会誌』26（2）、76—85頁
福田恵子・佐藤豊信・駄田井久（2008）「地域づくり活動における人的資源特性と継続的参加要因の分析—女性の活動者を中心として—」『農林業問題研究』44（1）、122—128頁
藤澤浩子（2010）「自然環境保全分野における市民活動とその長期継続要因」『ノンプロフィット・レビュー』10（1）、37—48頁
山村美保里（2019）「世代を超えて持続する市民活動の長期継続要因に関する研究—下諏訪町湖浄連を事例として—」『土木学会論文集D1（景観・デザイン）』75（1）、1—11頁

5 ヒアリング調査の手法はライフストーリー法を用いて、著者のひとりである須藤が実施した。

6 福田ほか（2007）は、「活動の持続・発展のためには、参加者の貢献意欲が不可欠である。その貢献意欲は活動からえられる効用への期待感、貢献に見合う成果と効用の享受、自己効力感、無理のない活動環境といった諸条件のバランスによって引き出される。」（84頁）と述べている。

コラム

安心院式農村民泊の環境づくり

安心院町のグリーンツーリズムは、1992年に始まった。ぶどうの栽培面積の減少など当時の主要産業であった第一次産業の先行きに不安を抱えた農家中心の8名が「アグリツーリズム研究会」を組織し、観光農園や産直との勉強を重ねた。そこから、農家だけでなく、職業・年齢・性別を超えた連携を目指して1996年3月、「安心院町グリーンツーリズム研究会」と名称変更し、約30名のメンバーで再出発することとなった。

その安心院町グリーンツーリズム研究会会長である宮田静一さんは、1967年4月1日に近隣町と合併して旧宇佐市となった、元の長洲町生まれで「原点は海」の人。1972年に安心院町の国営パイロット事業でぶどう栽培をはじめてから安心院での活動が始まった宮田さんは、どのように農泊環境を整えてきたのであろうか。宮田静一(2010)『しあわせ農泊―安心院グリーンツーリズム物語』西日本新聞社と、宮田静一(2020)『農泊のススメ』弦書房。この2冊の書籍からその様子をうかがってみよう。

宮田さんは『農泊のススメ』で43の「農泊の極意」を紹介している。そのなかで出てくるのが、「山と田んぼと川しかなく」「あんたが頑張れ」「農泊は最小投資で始めること」である。これは、農村での言い訳フレーズ十八番の「うち(ムラ、イエ、ヒト)には何もない」ではなく、地域に、人に、家庭にある当たりまえがベストであると言い換えられる。農家でない家庭が関わりやすくするために「安心院の農泊は（農家民泊ではなく）農村民泊」と言い続けるなど、いかに特別ではなく当たりまえを活かせる地域内部の環境を創っていったのかがわかる。

その一方で、外部環境を整備するためには用意周到な行動をとってきた。ひとつは「3・28事件」と宮田さんが呼んでいる、2002年3月28日に大分県生活環境部長名で発令された通知文章「グリーンツーリズムにおける農家等民宿に係る旅館業法及び食品衛生法上の取り扱いについて」での大分県独自の規制緩和に向けての取組みである。農泊は地域や家庭の「当たりまえ」を前提にしているため、旅館業法や建築基準法、消防法、そして食品衛生法などの規制に抵触する。その規制を緩和して地域内部の「当たりまえ」の環境で農泊が行えるよう、場合によっては知事にも直談判するなどをしてきた。それが実を結んだのが「3・28事件」なのである。また「農泊」を安心院で使い続けられるように2002年には商標登録を個人で行っており、さらに2018年には農林水産省と専用使用権契約をむすび農泊の言葉を共有するに至っている。

このような外部環境を整えつつ、地域内部の「当たりまえ」の環境を創り上げていった結果が、四半世紀近く続く安心院式農村民泊という活動の継続要因であろう。そしてその「当たりまえ」を「一回泊まれば遠い親戚、十回泊まれば本当の親戚」や「心のせんたく」と表現するわかりやすさもまた大切である。宮田さんは質の高い農泊を継続するために「人との心の交流」をしっかり行う必要があると述べている（『農泊のススメ』104頁）。

筆者のひとりである須藤は本章のベースとなっている鳥取大学地域学部地域創造コース2021年度卒業論文『農泊の受け入れ家庭における活動継続要因―NPO法人安心院町グリーンツーリズム研究会を事例に―』を調査でお世話になった受け入れ農家にお送りした。そのなかのおひとり、佐藤美代子さんはそれを読んだうえで、「彼女（須藤）は長期間安心院に滞在し農泊家庭に宿泊体験し多くの農泊家庭の方の聞き取り調査をまとめ関係人口として位置づけしている。一般的な関係人口ではなく、農泊におけるリピーターの安心院という地域への関心ではなく宿泊先のお母さんお父さんに会いたいという人への関係であるとまとめています。改めて人とのつながりの重要さを知らされた気がしています！」とSNSに投稿をしている（2022年3月25日のFace bookへの投稿より）。宮田さんは「心の交流」と呼んだこのつながり、受け入れ家庭のみなさんとの関係の実感から、私たち筆者は「心からの交流」とより強調して表現したい。

（須藤珠里・筒井一伸）

第6章

学びの場でそよ風のような地域づくりを育む「まじりあう時間」

「大人の学校」をめぐるUターン女性とその仲間たち

1　地域づくりから暗黙のうちに疎外されている人たち

趣味や特技を活かして地域づくりにかかわりたいけれども、適当な活動が見当たらない、やる気はあるのにそれを実現する場がない、所属する団体でアイデアを出しても取り合ってもらえない…、このようなもやもやを抱えている方もいるのではないだろうか。地域づくりという言葉がごく当たり前に語られる一方で、地域の活動にどう参画するかは簡単ではない。

本章では、地域における学習の場づくりそのものを地域づくりの実践活動と位置づけ、その場づくりに参画していく人々を取り上げる。ここで登場する人々は、地域づくりへの関心と意欲を持ちながらも、従来の自治会、町内会といった地域活動への参画を期待されていなかったり、何らかの理由で自分が望んでいるような活動の機会を得られなかった人々である。例えば女性は、地域社会

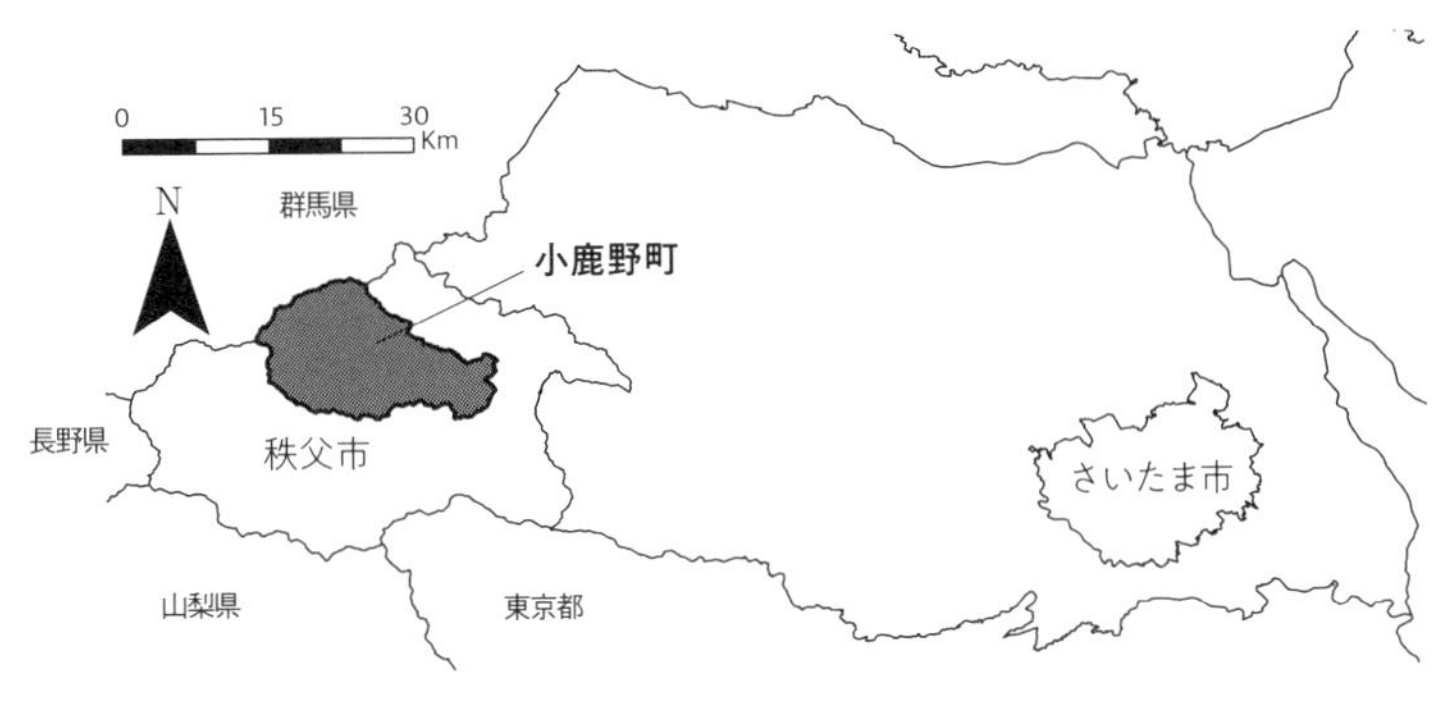

図 6-1 小鹿野町の位置図

（筒井作成）

の運営の場においては、中心的役割が期待されていないことが少なくない。それまでに受けてきた教育や職歴に裏付けられ能力があったとしても、地域や家族からはその担い手としてはあらかじめ除外され、期待されていないのである。本章では、そうした人々が、嵐のような激しさはないが、ささやかな場づくりの提案が活動の入り口となり、少しずつ地域にそよぐ風のような存在になっていく事例を取り上げて地域づくりへの参画の仕方について考えてみたい。

2 小鹿野町のこと

ここで紹介する活動は、埼玉県西部の小さな町、小鹿野町を舞台としている。

小鹿野町は、埼玉県と群馬県の県境にある、秩父山地に囲まれた盆地を中心とする町である（図6―1）。小鹿野町の市街地は、かつて蚕の繭の取引などが盛んに行われた市場町であり、いまも商店や旅館などが立ち並び、往時の面影を忍ばせている。また、小鹿野町は今日では、電子精密機械工業等の製造業が集積し、先端的な技術を備えた工場も立地している。山間部には過疎と高齢化が加速している地区もみられるが、町全体としては第二次産業就業地としての性質をもち、様々な地域づくりの取り組みによって人々の往来が絶えない地域でもある。(注1)

小鹿野町では2017年度から地域おこし協力隊の制度を導入し、2022年5月現在までにのべ16人の隊員を委嘱し、同年4月現在10人の隊員が活動している。任期を終えて小鹿野町に定住しているのは3人である。

宇佐川拓郎さん（以下、宇佐川さん）は、そんな小鹿野町の協力隊員として2020年6月から活動を始めた（当時25歳）。そして彼が提唱した地域づくり活動である大人の学校（後述）をきっかけに関心を行動に移していった人たちがいた。本章ではその提唱者（リーダー）の宇佐川さんではなく、大人の学校に参加するまでは積極的に地域づくりに携わってこなかった人たちそれぞれのライフコースをたどり、なぜ、どのようにしてこうした地域の活動に参画するようになったのかを探ることとしたい。

3　活動の場・出会いの場面

（1）大人の学校とコアメンバーについて

宇佐川さんは、成人が互いに学びあう場の創出をコンセプトとした「おがの発　大人の学校」（以下、大人の学校。コラムを参照）を提唱、実践してきた。そして大人の学校で開催されてきた各種講座が一堂に会して、成果を報告したり、課題を共有する場として設定されたのがアウトプットデーである。

大人の学校は、参加の仕方によって様々なメンバーシップから成る（図6−2）。まず、コアメンバーは、運営を担うリーダーたちを補完し運営をサポートする人たちのことである。本稿では、第2期アウトプットデーに際してコアメンバーとして参画した方々に着目した。大人の学校への参加者から運営する側への変化に、本書のテーマであるやる気や動機づけに関連することがらが潜んでいると考えられるからである。このときのキーパーソンがあらゆかさんである（写真6−1）。

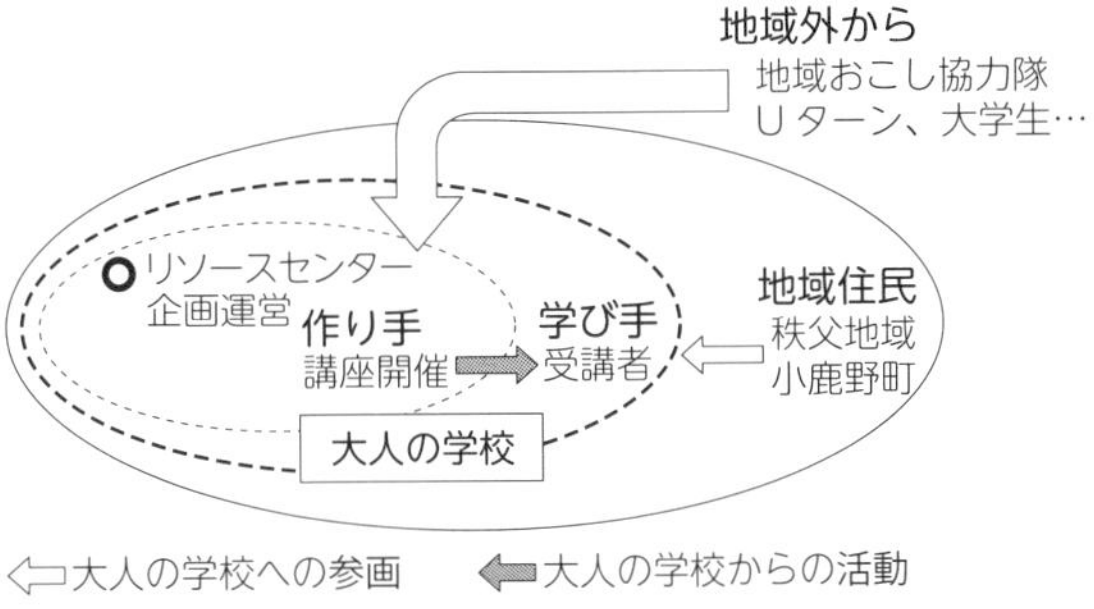

図 6-2　大人の学校への参加の層構造
（第Ⅱ期アウトプットデーのころ）　（筆者作成）

写真 6-1　第２期アウトプットデー（in 三田川中学校）
（筆者撮影）

（2）あらゆかさんの登場と「まじりあう時間」

大人の学校は、宇佐川さんが発案した基本的なコンセプトにもとづいて企画・運営がなされており、リーダーは、いうまでもなく提唱者であり代表を務める宇佐川さんである。あらゆかさんは地域住民のひとりとして大人の学校の準備会から参加した。そして、大人の学校の活動が始まった当初から、代表の宇佐川さんとふたりで大人の学校の企画運営を担ってきた（大人の学校リソースセンター。以下、リソースセンター）。

地域おこし協力隊は基本的に移住者であり、宇佐川さんも例外ではない。東京都内から小鹿野町にやってきた20歳代の若いヨソモノの提案は意味があるものであったにせよ、その活動に共鳴して参加するには、宇佐川さんと地域住民との間にあらかじめある溝を埋める必要があり、それは簡単ではなかった。大人の学校とはどんなものなのか、なぜ小鹿野町に必要なのか、この若者（宇佐川さん）はなぜ小鹿野町でこんなことをすることにしたのか…。地域で暮らす人々の営みに準じた農林業や生活支援に関する活動を展開しようとする地域おこし協力隊員の場合でも、必ずしもその活動に地域住民の理解が得られるわけではない。ましてや大人の学校の提案は、小鹿野町で日常生活を送っている人たちにとって、そのコンセプト自体も雲をつかむようなものだっただろう。

それでも小鹿野町には、地域おこし協力隊の導入を唱えた人たちがいて、まちで活動しようとする地域おこし協力隊員を積極的に支援する地域の人たちがいた。宇佐川さんの活動もそうした人たちに支えられながら少しずつ参加者を広げていった。ただし、地域の将来を考えて行動してきた人たちも高齢化して町の動向に関心を失いつつあり、一部の若い後継者層からは地域おこし協力隊、ましてや大人の学校に対して懐疑的な意見も聞かれる状況だった。地域に根差した活動をしてきた方々は、大人の学校の作り手として協力こそすれ、当初は学び手と作り手が互いに学びあうような関係性は生まれそうになかった。しかし、その関係性を超える意図をもった講座が、あらゆかさんの「まじりあう対話の時間」（以下、まじりあう時間）だった。

まじりあう時間は、「いろいろな人との対話によって価値観の広がりや想いが深まり、人生がより豊かになる喜びを伝えたい！」（大人の学校資料による。著者によって一部修正）というコンセプトで第1期に4回、第2期に1回開催された。[注2] 正確な記録は残されていないが、小鹿野町文化センターを会場に開催された講座を撮影した写真には、まさに老若男女の多様な参加者十数名が車座になって対話している様子が写っている。後述するように、まじりあう時間に参加したことをきっかけに、大人の学校への参画を深めていく人たちもあらわれるのである（コラム参照）。

4 それぞれのライフコースから

（1） プロフィールの概観

次に、後にコアメンバーとして参画するようになる人たちが大人の学校にどのように関わるようになっていったかを、それぞれのライフコース[注3]にもとづいてたどっていく。そうすることで、リーダー

表 6-1　ヒアリング対象者のプロフィール

名前	年齢	出身地	家族構成（同居以外含む）			同居家族人数（本人含む）	最終学歴	分野	学校所在地
	性別	現住地	居住地等				最終前学歴	分野	学校所在地
AY	29歳	小鹿野町長若	両親	姉	妹	3人	大学	栄養学	東京都
	女性	長野県御代田町	同居	所沢市	東京都		熊谷女子高	普通科	埼玉県
NM	41歳	東京都練馬区	父	兄		1人	専門	児童文学	東京都
	女性	小鹿野町両神	練馬区	練馬区			短大	保育科	東京都
SK	45歳	小鹿野町三田川	両親	夫	男子2	4人	大学	英文学	神奈川県
	女性	小鹿野町両神	三田川	同居	同居		秩父高	普通科	秩父市
KT	62歳	小鹿野町両神	−	−	−	不明	短大	国文学	神奈川県
	女性	小鹿野町両神	−	−	−		小鹿野高	普通科	小鹿野町
SY	22歳	小鹿野町三田川	両親	兄		3人	大学	社会科学	東京都
	女性	小鹿野町三田川	同居	名古屋市			熊谷女子高	普通科	熊谷市
IY	52歳	小鹿野町両神	妻	女子		3人	小鹿野高	普通科	小鹿野町
	男性	小鹿野町両神	同居	同居(中学生)					
TY	50歳	秩父市荒川	妻	女子	男子	4人	専門	公務員	飯能市
	男性	小鹿野町両神	同居	同居(社会人)	同居(社会人)		秩父農林高	農業科	秩父市

資料：ヒアリング調査より作成。
注：AY 氏は 2023 年 2 月現在、それ以外は 2023 年 7 月現在のデータ。

以外のポジション（非リーダー）として地域の活動に参画するようになる人たちのそれぞれの背景を理解し、非リーダーの地域づくりへの参画のあり方を考える手がかりを得たい。

第２期アウトプットデーにコアメンバーとして参画したのは７人で、役場担当課である総合政策課の職員も含まれている。ここでは１人を除いたそれぞれについてみていきたい。[注4]

まず現況を中心としたプロフィールを概観する（表６－１）。年齢と性別でみると、女性メンバーの年代は22から62歳まで広く、男性２人はいずれも50歳代である。出身地は、あらゆかさんをはじめ多くが小鹿野町だが、１人は隣接する秩父市荒川（旧荒川村）となっている。ＳＫさんやＫＴさんは、年配の両親と近居、そのほかは核家族で年少の子どもと同居中、または都市部で別居する兄弟から家族が構成されている。これらのメンバーは基本的に地元出身といえ、同居家族がいるのに対し、地域おこし協力隊のNMさんは東京都の出身で一人住まいである。学歴は、女性は短大または大学卒であるのに対し、男性は高卒である。女性は町外の短大、大学で学生生活を送った経験があることが読み取れる。

次にこれまでの経歴について、仕事・職歴と居住歴からみる（表6—2）。全体として共通する傾向は読み取れないが、教育職への従事や地方の新聞記者、役場職員、カメラ・写真、ガイド・アウトドアなど観光関連に少しずつの共通点が認められる。これらの職歴に関連した居住歴では、小鹿野町およびその周辺の範囲のものと、それ以外とに大きく分けることができる。NMさんが海外での居住歴もありもっとも広域的で、県境を越えるSKさん、埼玉県内で複数の居住歴のあるあらゆかさんなどが続く。地域おこし協力隊のNMさんを除けば、全体としては小鹿野町周辺で生活し、現在は町内在住である。いわばUターンやそれに類する行動をしてきた人たちといえよう。この点については男性との対比も注目される。

（2）大人の学校に参加するきっかけ

こうした多様な背景をもったひとたちが大人の学校と関わるようになったきっかけも様々である。ふたたび表6—1および表6—2を参照しつつ、女性参画者を中心として本人たちの証言を振り返ってみよう。

あらゆか（AY）さんは、小鹿野町長若の出身。都内の大学で栄養学を学び埼玉県内で教職につくも、コロナ禍で担当していた家庭科授業ができなくなり、飯能市の全寮制私学に栄養士として転

表 6-2　ヒアリング対象者の職歴と居住歴

名前	現在の職業	主な職歴と年数など				
AY	長野県風越学園（私学）教員	埼玉県公立中学校教員（5 年）	飯能市自由の森学園（私学）栄養士（2 年）			
NM	小鹿野町地域おこし協力隊	ディズニーリゾートスタッフ	旅行代理店社員（1 年）	ワーキングホリデー（ニュージーランド・スイス）	サントリー白州工場見学ガイド（3 年）	南会津町地域おこし協力隊（2 年・藍染）
SK	自営業・アウトドア	埼北読売新聞記者（5 年）	横浜市中学校臨時教員	東京都江戸川区中学校臨時教員		
KT	小鹿野町図書館職員	小鹿野町役場職員（会計課など）	小鹿野町社会福祉協議会職員			
SY	大学生	就職内定（カメラメーカー）				

資料・注：表 6-1 に同じ。

職した。このころに小鹿野町の実家に帰った。実家と地域のつながりに思いを馳せつつ、三人姉妹の間で家を継ぐことや、この町に永住するということも考慮しながらの帰郷だった。現在の町は、地域の住民同士のつながりが薄いことが課題だと感じていた。そんなとき町の広報誌で大人の学校の募集記事をみて、課題の解決に結びつくのではないかと考え、宇佐川さんと連絡を取り始めた。そして、社会教育士の資格を取るために、宇佐川さんと島根県雲南市での講習会に参加した。そこでのゼミ活動からアウトプットデーをコアメンバーで企画・運営するというアイデアが生まれた。

NMさんは、東京都練馬区の出身。旅行代理店勤務、ニュージーランドでのワーキングホリデー、さらにはスイスなど海外でのハイキングガイドに従事した。30歳代を前に帰国し、叔母の別荘（山梨県北杜市）で暮らすようになり、工場見学のガイド（サントリー白州工場）の契約社員、福島県南会津町で地域おこし協力隊を経験したが、仕事関係以外の交流が生まれないことに不満を感じていた。身内が埼玉県深谷市で病気入院したこと、2022年に小鹿野町で観光業の地域おこし協力隊員の募集があったことを機に、旅行業務取扱管理者の資格が活かせると考えて応募した。そして当時の小鹿野町の地域商社に配属された。大人の学校にも着任してすぐに参加した。当初は地域商社での自分の位置づけや業務内容が明確ではなく悩んでいた。自分の提案した企画も通らず、落胆していたちょうどそのころ、宇佐川さんやあらゆかさんに誘われて、アウトプットデーにコアメンバーとして参加することになった。

ＳＫさんは、横浜の大学に進学した後、新聞記者、中学校の臨時教員などをしていた。このころ学生時代に出かけたことのある北海道然別に友人と旅行、自然の中でのアクティビティ事業会社に勤める現在の配偶者と出会った。そして、配偶者が学生時代を過ごした山梨県都留市に移住することにした。ＳＫさんの実家のある小鹿野町にしなかったのは、当時のＳＫさん自身が、自分の故郷に自信がもてなかったためだという。その後配偶者は秩父市内での宿泊施設のマネージメント業をする企業に勤務することとなる。その企業が業務として行っている、小鹿野町内に立地する埼玉県のキャンプ場施設（みどりの村）の管理業務にＳＫさんも従事するようになった。ＳＫさんはキャンプ場管理のかたわら小鹿野町で一般社団法人を立ち上げ、小鹿野町の豊かな自然環境の下で子どもや若者に遊び・学びの場を提供することによって、自己肯定感を育むことのできるような活動を目指している。

大人の学校の存在は知っていたが、育児のこともあって当初参加できなかった。子どもが小学校に入り、大学生たちが企画した両神薬師堂で開催された小学生によるマルシェや山間部の倉尾地区での植樹活動への参加を知人に勧められた。子どものころから「女の人はかしこくなられると困る」といわれてきた土地柄で息苦しさを感じていたが、大人の学校には女性メンバーが多く発展の可能性を感じた。

ＫＴさんは、幼少のころから本が好きで、東京都町田市で過ごした学生時代は国文学を専攻した。卒業後は自宅から通えるところで仕事をしたいと考え、両神村役場に就職した。各種教育関係の部署に属しながら独学で司書資格を取得し、２０１４年より図書館勤務となった。このころから始めた子ども向けの「調べる学習」(注5)の取り組みは、すでに8年目を迎えて現在も続けているが、その活動を通じて「子どもの学習の態度を変えるには親から…」と考えるようになり、社会教育の観点から成人向けの活動の場を求めていた。

宇佐川さんは地域おこし協力隊になってまもなく図書館に話をしにくるようになった。大人の学校は、大人向けの調べる学習の場として適当ではないかと当初から感じており、２０２１年から大人の学校でも「調べる学習」を開講することにした。

ＳＹさんは、東京都内の大学で社会科学を学ぶ学生である。コロナ禍で大学の講義の多くはオンラインであったが、２０２２年現在は週の半分はキャンパスに通っており、週末は写真部でサークル活動をしている。

はじめに大人の学校を知ったのが、広報だったかＦａｃｅｂｏｏｋだったか判然としないが、最初に参加したのは、２０２１年の5月ごろ、あらゆかさんの「まじりあう時間」だった。それから小鹿野の町の写真を撮る企画をＩＹさんとはじめた。過疎化が進む小鹿野町で地域づくりの活動に対する関心が高まってきたときだった。

（3）新しい取り組みに向けた「やる気」へ

様々な経路から大人の学校にたどり着いて地域活動に関わるようになった彼女たちは、これからどのように歩んでいこうとしているのだろうか。簡単に述べておきたい。

ＮＭさんは、大人の学校を通じて新たに知り合った人たちとも関わることで、本来の自分の業務である地域おこし協力隊の活動も軌道に乗りはじめている。最近は、ハロウィンに向けて、フォトスポットの看板を、大人の学校を通じて一緒に活動する仲間を集めて作成した。ＳＫさんは、キャンプの事業を本格化させる一方、大人の学校で活動する大学生たちと交流しながら、小鹿野町の新しいキャンプのあり方を探る準備を進めている。ＫＴさんは、役場を定年延長して図書館の業務を続けつつ、調べ学習や大人の学校の講座を続けており、今後は図書館業務を拡張した文化活動を担うＮＰＯのような団体の設立を構想している。

彼女たちが小鹿野町で新たな活動に踏み出せたのは、大人の学校を通じた新たな関係をもとに、それぞれが抱えていた思いを共有することができたからだろう。その一方で、また小鹿野町を離れていく人たちもいる。

ＳＹさんは、2022年現在は大学4年生で、大手カメラメーカーへの就職が決まっており、来年は小鹿野町を離れることになる。この町が大好きで、卒業までの時間も大人の学校の企画に参加していきたい。今後この町がどうなっていくかわからず、楽観していないが、これからも大人の学校に関わりをもっていきたいと思っているという。あらゆかさんも、長野県に設立して間もない私立学校に新たな教育のあり方を求めて転職した。すでに長野県に移住しており、これまでと同じように活動することはできないが、継続して大人の学校の活動に従事している。

5　そよ風のようにはじめられる地域づくりの場

大人の学校は、ゆるやかでフラットな関係を前提とし、育苗床の役割を果たしてきた（図6―3）。そこで生まれた相互的な活動によるまさに「まじりあう」関係によって育まれた参加意識から、具体的な活動へのステップアップが少しずつ生まれつつある。もちろんうまくいくことばかりではないだろう。試行錯誤を恐れずに、それぞれが自分の思いを大切にしながら参加できることにこそ、このプログラムの意義がある。

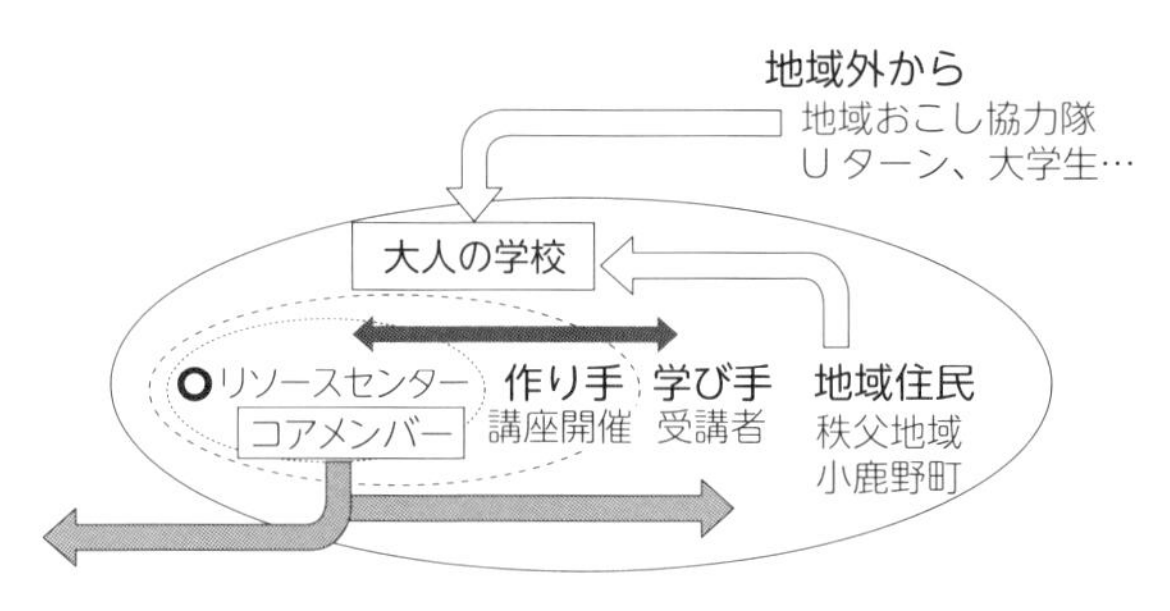

図6-3　大人の学校からの展開構造（第Ⅱ期以降）
（筆者作成）

従来の地域活動は、男性中心社会を背景として、主要な役割を男性が担ってきた。もちろん女性も活躍の場は増えており、小鹿野町ではKTさんがそのような先がけのひとりだと考えられる。しかし、この地域のKTさんの年代の女性のライフコースとしては、一般的ではない。多くの場合、女性は、既存の地域活動では周辺の役割に位置づけられるか疎外されてきた。近年高学歴化し、意欲も能力も高い女性たちの存在を、まだ上手く活かせない組織や活動も少なくない。

地域づくりへの関心を持っているが、これまでは暗黙のうちに疎外されていた人たちに、大人の学校は、自分自身で新たな活動をはじめるきっかけをもたらしてきた。もし地域での出番、地域づくりへの参画の機会を求めているのであれば、既存の地域組織にこだわらず、こうした場をみつけて第一歩を踏み出してみてはどうだろう。

地域についての思いを抱きつつもこれまでは参加の機会を得られなかった人たちが、自分のできること、やりたいことを持ち寄り、ゆるやかなつながりをつくり出し、新たな関係のなかに自分自身を位置づけ直している。そしてそれぞれに地域での活動をはじめている。それはひとことでいえば「成長」ともいえそうだが、(注6) 個人の発達のような意味合いではない。関係性のなかで自分を変えていこうとする意志の芽生えのようなものだろう。拘束されない関係のなかでの小さくささやかな交流だからこそ、共感を醸成するきっかけになり得ているように感じられる。このような場への参加から、地域にそよ風のような新しい動きが生まれていくのではないだろうか。(注7)

（中川秀一）

注

1　埼玉県北西部、秩父地域にある人口1万106人（2024年10月1日現在）の町。日本の地学発祥地の一角を占め、秩父地域ジオパークの重要なジオサイトが点在する。また、町内各地区で住民たちによって地歌舞伎が継承されているなど伝統行事が盛んであり、地域資源が豊富である一方、電子精密機械工業を中心とした製造業の立地もみられ、関東北部工業地域を構成している。

2 大人の学校はこれまで第４期まで開催されている。第１期（２０２１年10月17日〜２０２２年３月27日）、第２期（２０２２年６月12日〜10月30日）、第３期（２０２３年４月23日〜２０２４年３月24日）、第４期（２０２４年４月29日〜現在）。

3 ヒアリングは、まず、あらゆかさんに対して２０２３年２月24日、そのほかのインフォーマントには、同年７月21日より月末にかけて実施した。

4 １人の方は、地域おこし協力隊修了者で、すでに小鹿野町に定住し、大人の学校をはじめ宇佐川さんらの活動をサポートしている。

5 児童・生徒が課題について自分で調べ、調べた結果を自分でまとめる作業を通じて主体性を育みつつ学習させるという教育方法一般のことを指す。２００２年から小学校で「総合的な学習の時間」の『探究的な学習』が導入されて注目されるようになった。公益財団法人図書館振興財団では、それに先立つ１９９７年より、「図書館を使った〝調べる〟学習賞コンクール」を開始しており、小鹿野町ではＫＴさんを中心として取り組んできた。

6 その過程には、地域から離れていくライフコースをたどり、新しい関係人口が創出されることをも含まれている。

7 こうした活動の組織的な側面を次の文献がわかりやすく紹介している。松本雄一（２０２４）『学びのコミュニティづくり』同文舘出版。

コラム

大人の学校そして、まじりあう時間のこと

まず大人の学校について簡単に説明しておこう。大人の学校は、小鹿野町の地域おこし協力隊員である宇佐川さんが創出した事業である。それは宇佐川さん自身の都内の公立小学校での教員経験と、デンマークへの短期留学で得た知見から生まれた、成人が互いに学びあう場の創出を目指す活動である。[*]大人の学校の構想やコンセプトに関心を寄せた人たちが集まって、ワークショップ（大人の学校を考える会）を繰り返した準備期間（大人の学校準備会）（2020年6月～2021年10月）を経て、コロナ禍の最中に第1回が開催された（2021年3月7日）。参加者は筆者を含めて4名（＋子ども）だった。第1期（2021年4～9月）の入学式には、森真太郎町長や小鹿野町教育長が祝辞を述べるなど、町の期待の大きさを感じさせた。

大人の学校で展開されている活動は多岐にわたる（次頁資料参照）。スポーツ、テーブルゲーム、合唱や、特技を持ち寄ってその楽しさを分かち合う文化・芸術活動を中心に展開している。行政が提供する文化事業のプログラムや地域のサークル活動と項目だけなら変わらないが、プログラムをつくる作り手と、受講する学び手が役割を交代させながら学びあう学校（学び舎）というコンセプトのもと、参加者はプログラムを創出する役割が暗黙の裡に期待されている。

アウトプットデーはこうした諸活動を紹介しあう場として設定された。第1期（2022年3月、旧長若中学校）は宇佐川さんとあらゆかさんのふたりが企画、第2期（2022年10月）は、

2024年 小鹿野町家庭教育推進事業（兼みんなの学校）

●12/1(日)【第１部】13:30～14:50（大会議室）
【第２部】15:00～16:00（和室）

家庭教育講演会
（鎌田晶子さん）

【第１部】は、講演会を「家庭教育推進事業」として行います。（演題）「小鹿野町に生まれて」 ～過去、現在、そして小鹿野の子ども達へ～
小鹿野町へUターンをしてから15年間、日々、仕事、家庭、育児に奮闘しながらも、地域の活動にも積極的に参加をしてきました。出会い、繋がることで見えてくる「自分のこと」「小鹿野町のこと」を、自分の半世紀を振り返りながら、語らせて頂きます。【第２部】は、「座談会」をみんなの学校で行います。希望者で、講演を聴いて頂いた上で、ご感想、また、そこから仕事や生活、子育てや人間関係のことなどについて、お悩みも含めて、皆さんで深く語り合いましょう！

各作りてさん・企画の詳細

体を動かす 整える

体から自然を学ぶ
（八生日水一十(やおかみひと)（ガー）さん）

●11/30(土) 13:00～15:00（和室）
雨の日や季節の変わり目に古傷が痛むのは、治りきっていない傷が完治へと向かう回復痛です。より良い状態へと体が変わる時、痛みをともなう時がありますが、それは生命力がしっかり働いているあかしです。
痛みの中にある体の働きをじっくり感じて探ることで、体と向き合い、より力を発揮することへもつながります。

地域の歴史を学ぶ

小鹿野の歴史 よもやま話
（荻原昭好さん）

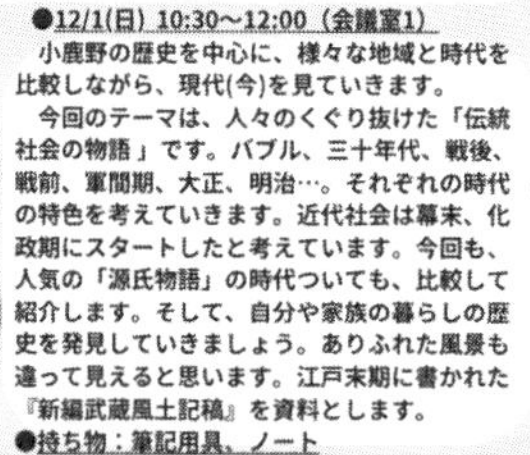

●12/1(日) 10:30～12:00（会議室1）
小鹿野の歴史を中心に、様々な地域と時代を比較しながら、現代(今)を見ていきます。
今回のテーマは、人々のくぐり抜けた「伝統社会の物語」です。バブル、三十年代、戦後、戦前、軍閥期、大正、明治…。それぞれの時代の特色を考えていきます。近代社会は幕末、化政期にスタートしたと考えています。今回も、人気の「源氏物語」の時代ついても、比較して紹介します。そして、自分や家族の暮らしの歴史を発見していきましょう。ありふれた風景も違って見えると思います。江戸末期に書かれた『新編武蔵風土記稿』を資料とします。
●持ち物：筆記用具、ノート

食と暮らしを学ぶ

小鹿野の知恵と技術を訪ねて
（久保栄一さん）

●11/30(土) 13:30～15:00（美術工芸室）
この企画では、小鹿野町に伝わる伝統的な技術について学び、生活の知恵を身につけること、また、地域の価値を再発見することを目指します。
今回は、「木の股」の活用の仕方を習います。「木の股」は、長い間、「鉤」や「三本柱の椅子」などとして活用されてきた歴史があります。今回は、座学と実践が中心です。（※場合によっては、両神に実際に採取に行く可能性もあります。その際は、改めて文化センター入口で告知をします。）
●持ち物：軍手、筆記用具、ノート

文化に、アートを学ぶ

小鹿野Jazz倶楽部

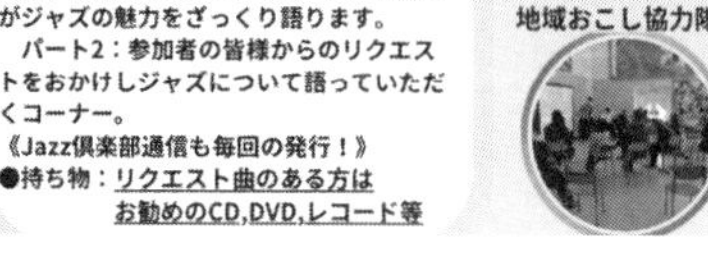

●12/1(日) 13:30～16:00（視聴覚室）
パート1：①かぶき者トランペッター高岸友行が撮影したジャズライブのビデオを堪能。②またマニアックなミーハー塚田潤がジャズの魅力をざっくり語ります。
パート2：参加者の皆様からのリクエストをおかけしジャズについて語っていただくコーナー。
《Jazz倶楽部通信も毎回の発行！》
●持ち物：リクエスト曲のある方は お勧めのCD,DVD,レコード等

生き方を考える

NEW 夢の描き方
（naochiさん）

●12/1(日) 13:00～14:50（和室）
（※随時１コマ30分程度）
皆野町を拠点とする『PASTEL KITCHEN』代表・躍り手です。15年越しに皆野町へUターンし、躍り手として自身の道を探求しつつ、「人が豊かになれる方法」を人生をかけて証明したいと活動してきました。
そして、「夢や目標をどう描くか」、そして、「一歩を始めてみる」姿勢が大切になることを実感し、実践してきました。その時の心の持ち方は「楽しむ」こと。講座形式で、お届けします。私自身のこれまでの経験や学びが、あなたの心に少しでも寄り添えたら嬉しいです。

癒しのヨガ
（ひらりん）

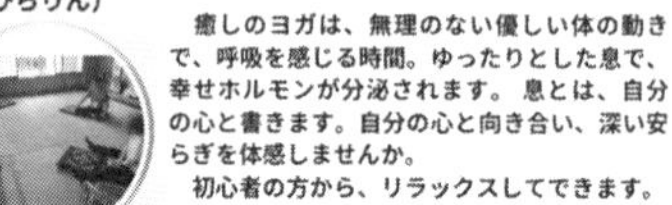

●12/1(日) 10:00～11:00（和室）
癒しのヨガは、無理のない優しい体の動きで、呼吸を感じる時間。ゆったりとした息で、幸せホルモンが分泌されます。 息とは、自分の心と書きます。自分の心と向き合い、深い安らぎを体感しませんか。
初心者の方から、リラックスしてできます。

整え気功瞑想
（山中晴代さん・中医学養生士）

●12/1(日) 11:15～12:00（和室）
自律神経を整えて
ストレス発散
簡単な動きで
気を磨いていきます
良い感じを目指して
やっていきます
●持ち物：水筒、動きやすい服装

秩父谷の伝説・伝承
～「秩父風土記」を元に～
（新井富士男さん）

●12/1(日) 13:30～15:30（会議室1）
なぞ多き秩父谷、縄文時代より谷間ごとに一つの集落が栄え、民話が伝承されてきました。 秩父谷は、壱川壱話のパラダイスではないだろうか？
私が１０年前相模原市から３５年ぶりにUターンし実家の古民家に暮らしはじめ、修繕を進めて行く中で、この地域には未来に残すべき歴史遺産と文化があることに気づきました。
その文化の流れを地元住民が正しく理解し、保存し、検証し未来に伝承することは大変意義ある事と考え、今回『秩父風土記』に書かれた各集落の縁起に基づいて、皆さんと語り合い素晴らしき小鹿野町について意見交換したいと考えています。

小鹿野マクロビオティック健康塾
（田中瑞華さん・地域おこし協力隊）

●12/1(日) 11:00～14:30（調理実習室）
今回のテーマは、「甘いものだ～い好き♡秋の味覚のたしなみ方」です。収穫の秋。芋栗南京に代表される、甘い物が恋しい時期ですね。でも、甘い物には頂くための心得があるんです！それが分かると、体の不調もどこへやら!?甘い物と合わせて知っておきたい、特別メニューもご紹介します。農薬・化学肥料・動物性肥料を使わずに育てられた、お米や旬のお野菜と伝統食品を活用してのお食事付き。
●参加費：５００円(材料代)
○持ち物：エプロン・割烹着等、三角巾・ヘアバンド等、手拭き、タッパー等容れ物、筆記用具

生活や人生を語り合う

みんなの井戸端会議
（宇佐川拓郎さん・地域おこし協力隊）

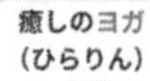

●11/30(土) 15:00～17:00（エントランス）
世代を越えて、毎日の出来事や悩み、「こんなことしたい」「こうなったよ」を気さくに語り合いましょう！
そして、３つのきっかけとなれば、とっても、嬉しいです。
❶誰かや自分自身と出会う『交流や出会い』
❷生活の悩みなどを語り合う中で『解決や活動』
❸日々の生活をふりかえる中で『成長や元気』

企画協力グループとしてコアメンバー若干名の募集があった。本文で取り上げたのはそのときの応募者7人である。この7人は、大人の学校で企画された「まじりあう対話の時間」を通じてコアメンバーとなり、さらには地域づくりの活動に参画していった。

「まじりあう対話の時間」は、あらゆかさん（大人の学校副代表）によって計5回企画され、第1回は、あなたにとってこのまちとは（参加者10名）、第2回　働く（15名）、第3回　当日決定！（7名）、第4回　SDGs（15名）、第5回は、わたしが暮らす「まち」（17名）のようにテーマが設けられた。小鹿野町や周辺町村在住者の20から70歳代まで幅広い年代が参加した。大人の学校の機関誌「おとがく通信」はその様子を、次のように伝えている。

「初めに、町で暮らす中で『私が困っていること』を語り合いました。『空き家で困っている』『移住者ですが、町の人と交流する場がほしい』『交通手段に困っている』など様々な困りごとが表現されました。その後3つのチームに分かれて、『困っていること』に対して『自分たちでこうできたらいいな！』を話し合いました。小鹿野町の強みをアピールしていくためにも、『大人の学校で、小鹿野町に関する教室を開くのはどうか？』や、移住者の居場所づくりのために『（小鹿野町河原沢集落の住民による観光資源づくりの）尾ノ内氷柱の取り組みに自由に参加してもらうのはどうか？』『地区の会合などにも、参加していただけるように情報をこれまで以上に届けるのはどうか？』といった意見が出されました」

多くは会場ではじめて出会った人たちだった。しかし、短時間（約2時間ほど）で、小鹿野町での暮らしを中心に率直な思いを語り合っている様子が伝わってくる。事後アンケートには「楽しかったです！」「いろいろな世代、地域の方達のご意見を聞くことができて、大変勉強になりました」などの感想が残されている。同じ地域で暮らす思いを語りあう機会は意外にないと知らされる。また「今日話し合って出た結論を実施する機会があると良いなと思いました」といった意見もみられた。学びの場として設定されているに過ぎない大人の学校で、一人ひとりが潜在的にもっている地域への思いがまさに「まじりあう」機会をもつことで地域づくりの実践に向けた萌芽が生まれていることがわかる。

あらゆかさんがこのような企画を着想し、実践することにしたのはなぜか。あらゆかさんによると、教育支援活動を行うNPO団体カタリバへの参加経験が「いろいろな人との対話によって価値観の広がりや想いが深まり、人生がより豊かになる喜びを伝えたい！」という「まじりあう対話の時間」のコンセプトに活かされているという。そして、このまちで暮らす人たちともっとつながるきっかけになればと大人の学校に参加し、小鹿野町を再び離れても、大人の学校の活動に携わることで、ゆるやかに故郷の小鹿野町とつながっていきたいと話していた。振り返ると「まじりあう対話の時間」は、あらゆかさん自身が地域の方々とまじりあいたいという思いから生まれたものだったとわかる。そして地域の大人としての交流の場を得たからこそ、新たな旅立ちができたのかもしれない。

（中川秀一）

＊ 宇佐川拓郎（２０２４）「立場や境遇を超えた学び・活動・そして喜びが生まれる拠点づくりを目指して～おがの発・大人の学校～」『青淵』、第９０１号、29－31頁

第7章

地域おこし協力隊の活動を円滑にする「他者志向」

1 協力隊とリアリティ・ショック

地域おこし協力隊をご存知だろうか。今や地域づくりの現場には欠かせない存在といえるかもしれない。2023年現在、全国1164の自治体が受け入れ、活動中の隊員は7200人にのぼる。身の回りで活動している隊員がいる、もしくはご自身が隊員という方もいるかもしれない。その地域での活動はうまくいっているだろうか。

協力隊は、地域づくりに関心のある都市住民が過疎地域をはじめ条件不利地域に移住し、様々な地域協力活動に関わりながらその地域での定住・定着を目指す事業である。全国各地の自治体が実施主体となり、選考プロセスを経て希望者を隊員に委嘱する。(注1) 隊員にとっては自身の能力を活かした活動や理想とする暮らしの発見につながること、自治体にとっては移住促進や多様で柔軟な地域づくりが推進できること、受入地域にとっては斬新な視点の導入や地域への刺激が期待されることなど、いわゆる「三方よし」の関係性がイメージされている。

2023年3月末までに任期を終了した隊員は累計1万1123人おり、そのうちの64・9％が活動していた地域に定住するなど、移住・定住促進政策として一定程度の成果をあげてきた。[注2] ただし、この定住率は任期途中での退任者は含まれていないため、この数値をもとに協力隊を評価するのは注意が必要である。

協力隊の課題のひとつに、隊員と受入側とのミスマッチがある。一部の地域では「思い描いた仕事とは違った」「生活環境が合わない」などの問題が発生し、任期途中での退任が後を絶たない。例えば、鹿児島県の6自治体では、ミスマッチが原因で過半数が任期途中で退任しているといった報道もある。[注3] もちろん、こうしたミスマッチを解消するために様々な対策や研究がされてきたが、依然解決できないでいる。一部では、地域おこし協力隊はミスマッチが起きることを前提に制度設計されたともいわれており、[注4] ミスマッチが起こらないことのほうが珍しいと考えるべきかもしれない。

受入側との活動初期のミスマッチは、隊員が感じるリアリティ・ショックから生じる。リアリティ・ショックは、企業などの組織の現実と事前の期待やイメージが異なっていた場合に生じる心理的現象である。リアリティ・ショックは当人の組織へのコミットメントや社会化にネガティブな影響を与え、[注5] 離職につながるともいわれている（尾形［2012］）。[注6] 特に協力隊は、その特性上何らかの使命感をもった人が応募するため、受入側がその行動を制限するとリアリティ・ショックを感じやすい。その一方で、リアリティ・ショックにはポジティブな側面もあり、こうした課題への克服が当人のスキルや知識を高めることにつながる可能性も指摘されている。

協力隊のリアリティ・ショックを分析したものとして柴崎・中塚［2018］がある。(注7) これによると、協力隊は、①活動の自由度の低さや要請される業務の多さ、②隊員のキャリアへのサポートの不足、③思い描いた活動の実現性の低さ、④雇用形態や待遇の不安定さの4つからリアリティ・ショックを感じる傾向にあるとされている。他方、こうしたリアリティ・ショックに直面した際には、①多様な人への相談、②行政の受入担当者への意思表示および要望、③自身の態度や考え方の修正、④多様な人との連携、⑤自己学習によるスキル向上によって克服しようとすることが報告されている。協力隊では何らかのミスマッチが起こることを前提とした場合、隊員自身がリアリティ・ショックをどう克服するべきか、という視点に立ったこのような考察は重要だと考えられるが、研究蓄積はあまりない。

以上をふまえ、本章ではリアリティ・ショックに直面した協力隊OB・OGへのヒアリングから、リアリティ・ショックの内容とそれをどのように克服したかを、隊員のやる気と活動内容に着目しながら考察してみたい。

2 協力隊への応募時の思いと期待：満ちあふれたやる気

本章で対象とするのはYさんとKさん（ともに30歳代）の2名である。ミスマッチやリアリティ・ショックというネガティブな側面を取り上げるため、個人や地域および活動の詳細などが特定できないように記述する。ちなみに、YさんとKさんの活動地域は異なる県だが、ともに中山間地域である。

Yさんは高校卒業後、医療系の学校を卒業し医療系の資格をもっている。医療業界に憧れをもったのは、幼いころに祖父の闘病生活を見守る医師の寄り添い方に共感したためであり、一時は医者を志したこともあった。医療系の学校に入学後、先輩に誘われて医療従事者と地域住民の交流を目的としたカフェの運営に関わるようになり、それが地域医療を志すきっかけとなった。その経験から、卒業後は医療機関ではなく、地域の現場で患者に寄り添った医療サービスの提供に関わりたいと思うようになった。そんななか、カフェの運営メンバーと先進地を視察した際に、地域で活躍する医療従事者の取り組みにふれ、強く共感した。しかしながら、就職活動では地域医療に積極的な医療機関をまわったものの採用にはいたらず、最終的に一般的な医療機関で働くことになった。就職して2カ月がたち、仕事自体にはやりがいを感じていたが、協力隊として医療従事者を募集している地域があることを知り、まわりの反対を押し切って、その地域の協力隊に応募することを決断した。

Kさんは高校卒業後、料理系の学校を卒業し調理師の資格をもっている。学校卒業後はしばらく介護関係の仕事をしていたが、20歳代後半から国内を旅するようになった。国内を旅する過程で泊まったゲストハウスで出会った人たちが魅力的だったことから、「自分もゲストハウスを通じて人の役に立ちたい」と考えるようになり、ゲストハウスの運営を目指すようになった。また、旅での様々な交流を通して協力隊を知った。そうしたなかで、宿泊施設の支配人として宿泊事業に従事することをミッションとした協力隊を募集している地域があることを知り、ゲストハウス運営のためのノウハウが得られることを期待し応募した。

このように、Yさんは医療系の資格、Kさんは調理師や介護系の資格を有していたことから、当初はこれらの技能を活かせば地域貢献につながるとの考えがあり、協力隊の活動についてはある程度の自信をもっていた。また、Yさんは地域医療、Kさんはゲストハウス運営に憧れと具体的なイメージをもっていたことにも共通点を見出すことができる。一方で、受入側である行政や地域との意思疎通や情報収集は十分だったとはいえず、活動開始時にYさんとKさんがもつ受入側の情報は限定的であった。Yさんにとっては、念願の地域医療に関わることができれば場所はそれほど重要な問題ではなく、活動地域の情報はネットで調べた程度であった。Kさんは国内を旅した経験などから、「どの環境に行っても自分は生きていける」と考えていたこともあり、活動地域に関する情報を積極的に収集しなかった。このことは、その後のミスマッチおよびリアリティ・ショックの要因のひとつとなる。

3　リアリティ・ショックの発生

（1）　Yさんの場合

Yさんはこうして念願だった地域医療に関わることとなった。Yさん曰く「医療の知識を地域の現場で活かせるのであれば場所はどこでもよい」「地域のみんなを健康にするぞ」という考えで、高い意欲をもって移住した。Yさんが配置されたのは、市の小学校区単位で組織された協議会（地区）である。[注8] この地区に移住者がくるのは初めてであり、地区としては協議会事務局の人員募集という意味合いが強かった。[注9] したがって、着任当初、Yさんに任された仕事は協議会事務局の仕事であった。

まず、Yさんに与えられた業務は防災マップの作成である。Yさん自身も「まずは地域のことを知りたい」「地域住民との関係構築が大切」と考えていたので、積極的に取り組んだ。「今までやったことない作業だったので純粋に楽しかった」とのことで、この業務を通して地区住民や協議会の事務局スタッフと仲良くなれているという実感や、自分が役に立っているという実感もあった。防災に関する話題は地区住民との共通言語にもなり、関係構築に有益であった。また、防災マップの作成と並行して取り組んだこととして、水道検針業務への同行がある。水道検針業務は協議会が行政から受託している業務で、Yさんは検針業務に同行する際に高齢者の見守りを行った。この業務は、Yさんにとって地域医療の一環として位置づけることができた。

Yさんの活動は順調な滑り出しにみえたが、その雲行きは徐々に怪しくなっていく。ある時、市内他地区のお祭りで健康をテーマにしたブースが出されることになり、Yさんにも声がかかったため、打ち合わせのためにたびたびその地区へ出かけるようになった。また、医療仲間に誘われて、市内の起業支援事業にも関わるようになった。Yさん自身は、協力隊の業務の一環としてこれらの活動を行っていたつもりだった。しかし、協議会会長の認識はこれとは異なっており、Yさんは会長から「地区のスタッフなのになぜ他の地区に行くのか」「月曜日から金曜日の8時から17時は地区の活動をしてほしい」といわれ、活動に制限がかけられた。Yさんにとっては寝耳に水であり、「どうして⁉」という気持ちが強かった。Yさんは「たとえこの地区に所属していても必要とされれば市内全域で役に立ちたい」、それが結果として地区のためになると考えていた。

それ以降、Yさんは何をするにも会長の許可が必要になり、新たな提案をしても「地区にとってどのような意味があるのか」といわれ、その多くは許可されることはなかった。やがて、Yさんは「何をいってもダメだ」と思うようになり、地域医療とは何かもわからなくなり、しばらく動けずにくすぶることとなる。

（2）Kさんの場合

Kさんも Yさんと同様、市の協議会（地区）に配置された。Kさんは協議会が運営する宿泊施設の支配人として、施設を核とした観光事業に携わることになった。協議会の会長からも地区は高齢化しており、「村おこしのための宿泊施設を活用していきたい」「（任期終了後の）3年後にはKさんに任せたい」といわれ、高いやる気をもって活動を開始した。

しかしながら、Kさんの活動は開始当初から困難の連続であった。Kさんは「この宿泊施設の運営を通じて将来のゲストハウスのためのコミュニティをつくろう」「宿泊施設の取り組みに自分のアイデアをどんどん盛り込んでいこう」と考えていたが、実際はただのスタッフとして働くのみであった。「それではいけない」と考えたKさんは、施設のカフェスペースを利用したイベントを住民の協力をもとに企画することにした。しかしながら、Kさんが地区のキーマンと考え一緒にイベントを企画した住民が会長と対立していたことから、Kさんと会長との関係が急速に悪化していった。その結果、宿泊施設で実施する予定だったイベントは会長の許可が出ず、暗礁に乗り上げることとなる。会長との関係が悪化したことで、当初は歓迎してくれていた地区の女性陣もよそよそしくなり、何かを相談しても「私はようわからんわ」といわれる始末である。最終的には、会長からイベントの実施に関する許可は出たが、イベント直前になって今度は一緒にイベントを企画した住民との関係も悪化した。そんななか、ある日、地区の宴会で、住民から「Kさんがくるのは想定外だった」ということを聞かされた。Kさんはそこで初めて、もともと協議会には宿泊施設の支配人として任せたい人がいたが、最終的にうまくいかず代わりに自分が配置されたことを知った。そんなこともあり、Kさんは着任してわずか3カ月で地区で完全に孤立してしまった。

4　リアリティ・ショックへの対応

（1）　Yさんの場合

まず、Yさんは行政担当者に「なかなか思うように動くことができなくて困っている」と相談した。しかしながら、その担当者はYさんが活動する地区の住民であり、かつ地区の役職についていたことから協議会の会長寄りのスタンスで、地区の活動に集中するよう説得された。そんなこともあり、それ以降、Ｙさんは行政担当者に相談しなくなった。次に、移住段階から世話になっていた医療仲間の女性に相談した。彼女は市における地域医療の中心的な存在であり、会長との間に入って話をしてくれた。また、彼女は会長と協力して国の事業に応募し、それが採択され、次年度から地区に交流施設を整備する事業がスタートした。そして、Ｙさんはその施設整備を任されることになった。これを機に、Ｙさんの活動拠点はコミュニティセンターからその交流施設へと移された。これにより、交流施設を使った活動の企画と実施がＹさんの業務となり、地域医療に取り組みやすい環境が整った。このように、Ｙさんは関係者に相談することで、２年目以降の活動環境が大きく改善した。

もうひとつは、Ｙさんが自身の態度や解釈を見直したことが挙げられる。Ｙさん曰く「(当初は)信頼関係の構築を十分にせず、自分のやりたいことを全面に出していた」「段取りや根回しをせず、思いのままに動いていた」とのことで、リアリティ・ショックはＹさん自身が地域づくりに従事するうえでの未熟さが招いたものでもあった。会長に自分の企画を認めてもらえないという経験は、Ｙさんにとって自身を見直すきっかけとなり、「(自分がやろうとしていた活動は)自分のエゴだったのではないか」「地域の立場になって考えることができていなかったのかもしれない」と考えるようになった。そうした経緯から、水道検針の見守りの際には気になった高齢者をリストアップし、後日改めて個別訪問を行うなど、会長や住民に認められるような活動を心がけていった。また、交流施設の整備事業に関わる際には、新年会など住民が集まる機会を利用して住民の思いを聞くよう心がけるようになった。さらに、交流施設で地域医療活動をはじめる際には、地区内の医療従事者一人ひとりに声をかけて仲間を募り、最終的に8名の仲間を得た。そして、これらの仲間とともに交流施設で高齢者が集える場づくりを行い、様々な予防医療活動を行った。

(2) Kさんの場合

地域で孤立状態に陥ってしまったKさんもまわりの関係者に相談することで対応しようとした。まず、行政担当者に相談したが、有効な解決手法は提示されなかった。その背景には、Kさんが個人事業主扱いであったことも関係している。Kさんは行政担当者を上司と考えていたが、行政担当者から「個人事業主なのでご自身で対応してください」といわれたことで、初めて自身が個人事業主扱いであることを知った。このほか、Kさんは市内の協力隊OB・OGにも相談し悩みを共有した。Kさん曰く「OB・OGに相談したことで腐らずに自分の環境を変えることができた」。

次に、Kさんの場合、特徴的なのは活動を通して自身の環境を変えていった点にある。前述の宿泊施設のカフェスペースを利用したイベントは最終的に3カ月間行った。このイベントは地区住民に楽しんでもらうことを主眼に、毎週メニューをかえた。地区住民に来てもらうために、毎週チラシを全戸に直接配布したが、当初は地区外からの来訪客が中心だった。しかし、次第に当初は距離を置いていた地区の女性陣が「私たちも何かしようか」といってくれるようになった。そして、女性陣のアイデアを積極的にメニューに反映していったほか、地区の女性陣との雑談のなかで「誰かとご飯を食べるだけでも楽しい」「ひとりだと寂しい」という声があがると「ご飯を食べる会」を企画し、「料理をみんなでつくるのが好き」という声があれば「料理をつくる会」を企画した。そうすることで身近な人を満足させながら仲間を獲得していった。加えて、イベントを定期的に継続して行うことで地区外でもKさんの存在が広く知られるようになり、イベントはKさんのファンづくりとしても機能した。

5 リアリティ・ショックの構造とやる気のマネジメント

(1) リアリティ・ショックの構造

表7―1はYさんとKさんのリアリティ・ショックの構造を示したものである。

Yさんの場合、まず協力隊としての役割の認識は協議会とYさんで一部異なっていた。協議会がYさんに求める活動のうち、防災マップの作成や水道検針業務についてはYさんも地域医療のために必要な活動と位置づけており、両者の求める活動内容は一致している。一方で、協議会は地区内で協議会の取り組みに直接関係のある活動を求めたのに対し、Yさんは地区に捉われず様々な活動に従事したいと考えていた。

Kさんの場合も、協力隊としての役割の認識は協議会とKさんとで異なっている。協議会がKさんに求める活動は宿泊施設の一般的なスタッフとしての活動であったが、Kさんは自分のアイデアを活かした活動を積極的にしたいと考えていた。また、Kさんの場合は、住民との関係も悪化してしまい、想定していた活動ができないという状況にもあった。

表7-1　リアリティ・ショックの構造

Yさん	＜協議会の協力隊の役割認識＞		＜Yさんの活動の希望＞
	協議会事務局のスタッフ	≠	地区住民を健康にしたい
	＜協議会が求める活動＞		＜Yさんの位置づけおよび考え＞
	防災マップの作成	＝	地区住民との関係構築
	水道検針業務	＝	地域医療の一環と位置づけ
	地区内で活動してほしい	≠	市内全域で役に立ちたい
	会長が許可した活動	≠	もっといろいろな活動がしたい
Kさん	＜協議会の協力隊の役割認識＞		＜Kさんの活動の希望＞
	次の人がくるまでのつなぎの人員	≠	ゲストハウス運営のノウハウを得たい
	＜協議会が求める活動＞		＜Kさんの考え＞
	宿泊施設のスタッフとしての活動	≠	自分のアイデアを取り込んでいきたい
	＜地区住民とKさんの関係＞		＜Kさんの活動＞
	住民との関係は悪化しKさんは孤立		活動の協力者がいなくなる

資料：ヒアリング結果をもとに作成。
注1：網かけ部分はリアリティ・ショックと関連した項目を示している。
注2：≠と＝は両者がイメージする活動内容の違いを示している。

以上をまとめると、リアリティ・ショックが起こった要因として、第1に、協力隊の役割についての認識が、隊員と受入側とで異なっていたことが挙げられる。このことが、両者がイメージする活動内容の相違につながっている。第2に、YさんとKさんの地域社会に関する理解や、そこでの活動経験が不足していたことが挙げられる。柴崎・中塚〔2018〕でも当人のスキルの未熟さがリアリティ・ショックにつながることが指摘されていたが、いわゆる「地域の掟」に関する理解が十分であれば、根回しや住民同士の関係をふまえた活動につながり、活動の自由度の制限や住民との関係悪化が避けられたかもしれない。第3に、YさんとKさんの「強すぎる」やる気と、それにもとづく行動が挙げられる。したがって、この2事例は、協力隊員のやる気が強すぎて、その活動に地域がついていけなかった事例とも理解することができる。

（2）リアリティ・ショックへの対応とやる気のマネジメント

図7―1はYさんの事例におけるリアリティ・ショックの対応を示したものである。円は協議会が求める活動内容とYさんがイメージする活動内容を示している。協議会はYさんに協議会の事務局としての仕事を任せたいと考えていたが、Yさんは地域医療に関する活動を市内全域で展開したいと考えていた。このことから、両者のイメージする活動内容は異なっており、活動内容を示す円は異なる位置にある。そして、円が重なる部分はYさんが納得して従事していた防災マップの作成や水道検針業務を意味する。他方、2つの円が重ならない部分はYさんが感じるリアリティ・ショックを意味している。

リアリティ・ショックへの対応の要点として、まず、第三者の協力による受入体制の再構築が挙げられる。これにより、活動内容のすり合わせが行われ、両者のイメージする活動内容が一致することになる。次に、Yさん自身によるやる気のマネジメントが挙げられる。具体的には、Yさんは活動当初から、自分が思い描いていた地域医療活動を展開しようとしたが、それはYさん自身の考えを体現することに重点が置かれたもので、Yさんの動機を構成する要素としては、「自分のため」といった自己志向的要素が強かったといえる。そうしたなかで、Yさんはリアリティ・ショックに直面し、地区住民の声に耳を傾けるようになり、動機の構成としては「自分のため」の割合を小さくし、「地区のため」および「仲間のため」の割合を大きくするといった他者志向的要素を強めることで、関係者との信頼構築と仲間づくりを行っていった。(注10)

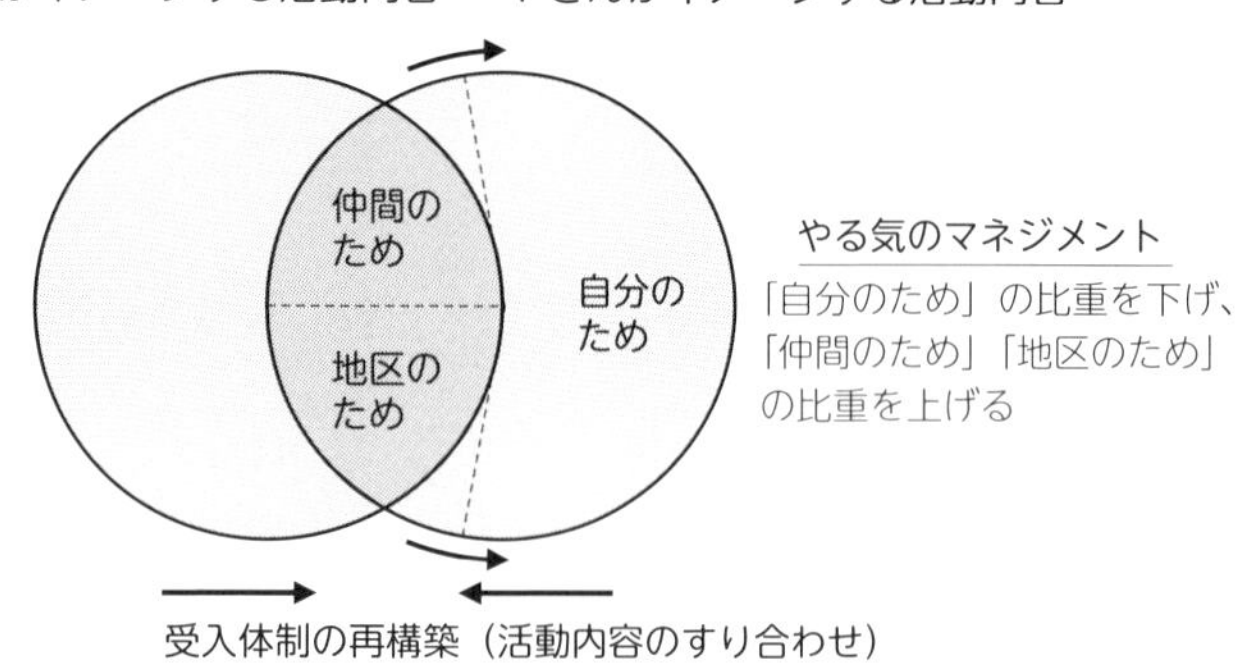

図7-1　リアリティ・ショックへの対応（Yさん）（筆者作成）

図7―2はKさんの事例におけるリアリティ・ショックの対応を示したものである。小さな円は協議会がイメージする活動内容、大きな円はKさんがイメージする活動内容である。協議会がKさんに求めていたのは宿泊施設の一般的なスタッフとしての役割であったが、Kさんは自身のアイデアを反映した多様な活動をしたいと考えていた。したがって、図ではKさんがイメージする活動内容は協議会がイメージする活動内容より多様なため、協議会より大きな円で示している。ただ、両者のイメージする活動内容は宿泊施設の管理という点では同じであるため、2つの円は重なっている。また、2つの円が重なっていない部分は、Kさんが物足りなさを感じる部分であり、リアリティ・ショックを意味する。

Kさんのリアリティ・ショックへの対応の要点として、まず、住民の参加を促しながら積極的に活動を展開したことが挙げられる。宿泊施設でのイベントを積極的に実施することでその活動が新聞などのメディアに取り上げられ、地区外からも人が訪れるようになり、地区内外からの評価を獲得していった。それが地区内で信頼を得ることにつながり、仲間の獲得にもつながった。次に、Kさん自身によるやる気のマネジメントが挙げられる。活動開始

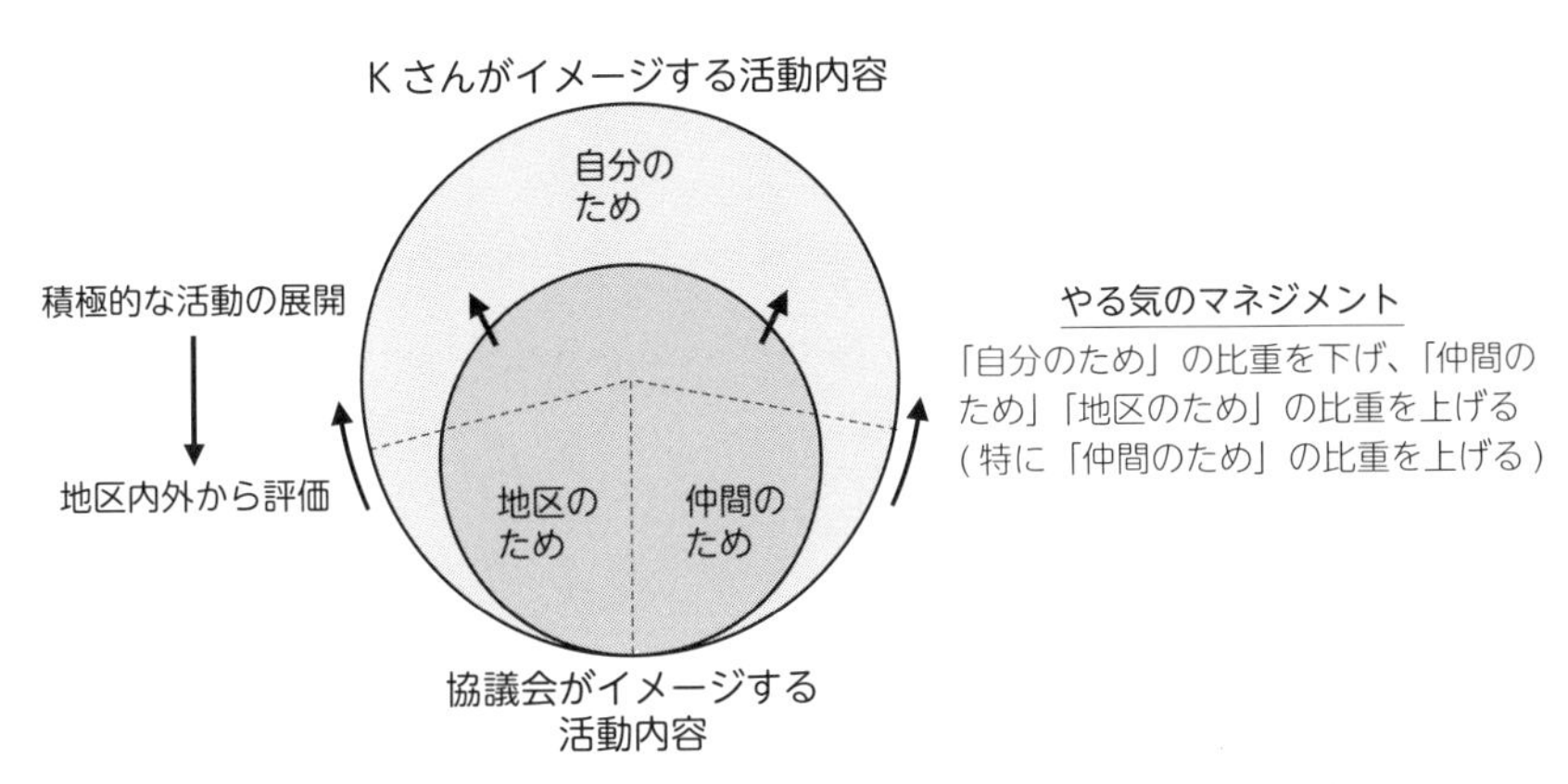

図7-2　リアリティ・ショックへの対応(Kさん)(筆者作成)

当初、Kさんはゲストハウスを運営するノウハウ獲得のためにも、自分がイメージする活動を展開したいと考えており、動機の構成としては「自分のため」といった自己志向的要素が強かった。やがて、地区内での孤立を経験することで、Kさんの目的はまず地区内で仲間を獲得することにシフトしていった。具体的な活動としては、住民をターゲットとしたイベントの開催、チラシの全戸直接配布、仲間である住民のニーズを反映したイベントの開催など、住民に向けた活動を主眼とするようになった。したがって、動機の構成においては「自分のため」の割合を小さくし、「地区のため」および「仲間のため」の割合を大きくするといった他者志向的要素を強めていった。なかでも、Kさんの場合はまず宿泊施設に関わる住民の信頼獲得が急務であったため、「仲間のため」の割合を大きくすることを意識して活動を展開した点に特徴がある。やがて、Kさんの活動は地区内で広く知られるようになり、結果として協議会がKさんの活動を認めることにつながった。図では協議会がイメージする活動内容を表した円に矢印がついているが、これはKさんがリアリティ・ショックに対応していくなかで、協議会がKさんの活動に理解を示していく様子を示している。

このように、リアリティ・ショックの対応には、第三者による受入体制の再構築や地区内外からの評価獲得による環境の変化と、やる気のマネジメントが重要である。なお、これらは多様な人に相談をしたことがきっかけであった。相談の重要性については、リアリティ・ショックに関する既往研究でも指摘されており、本章で取り上げた事例もこうした指摘を補強するものであった。以上から、ありきたりなアドバイスになるが、地域づくりなど自身の活動で何らかの壁にぶつかったときは、まずは身近な人に相談することからはじめてみてはどうだろうか。そこでは、有意義なアドバイスを得ることを期待するのではなく、自身を客観的にみつめる機会として位置づけ、やる気のマネジメントに目を向けるきっかけにすると効果的ではないかと考える。

（髙田晋史）

注

1 総務省（2024）「地域おこし協力隊ハンドブック」https://www.soumu.go.jp/main_content/000943959.pdf（2024年9月28日閲覧）を参照。

2 総務省（2024）「令和5年度 地域おこし協力隊の定住状況等に係る調査結果」https://www.soumu.go.jp/main_content/000950759.pdf（2024年9月28日閲覧）を参照。

3 西日本新聞「『よそ者』力（中）地域おこし協力隊10年 後絶たないミスマッチ」（2019年11月15日）、南日本新聞「地域おこし協力隊3割が途中退任 特産品開発のはずが店番のみ 住民から『税金の無駄遣い』背景に地域の無理解やミスマッチ 鹿児島県内」（2024年8月24日）を参照。

4 毎日新聞「トラブル相次ぐ地域おこし協力隊 専門家『ミスマッチ前提の制度』」（2023年8月18日）を参照。

5　ここでの〝コミットメント〟は、所属する組織や地域への愛着および帰属意識を表す概念であり、「この組織に居続けたい」との気持ちから生まれるものである。また、〝社会化〟とは新たな環境に適応していくプロセスのことである。

6　尾形真実哉（2012）「リアリティ・ショックが若年就業者の組織適応に与える影響の実証研究：若年ホワイトカラーと若年看護師の比較分析」『組織科学』45（3）：49-66を参照。

7　柴崎浩平・中塚雅也（2018）「地域おこし協力隊のリアリティ・ショックと克服過程」『農林業問題研究』54（2）：25-35を参照。

8　本研究における協議会とは、総務省のいう地域運営組織のことであり、中長期的な地域づくりビジョン・計画にもとづき地域課題の解決に取り組む組織である。一般的に、「〇〇地域づくり協議会」などの名称で、小学校区単位の自治会や町内会をはじめ、地域の様々な団体が連携して組織されていることが多い。

9　このような認識のギャップが生じた背景として、次のような理由が考えられる。ヒアリングによると、応募時の受入地域は他の地区であったが、Yさんが着任する2、3週間前に受入地域が変更された。受入地域が変更された理由は定かではないが、協議会は急遽Yさんを受け入れることになったため、協力隊に対する認識や行政担当者との情報共有が十分ではなかったと考えられる。

10　鹿毛雅治（2022）『モチベーションの心理学：「やる気」と「意欲」のメカニズム』中央公論新社によると、ボランティア活動は自己志向的動機と他者志向的動機の双方に動機づけられると指摘している。ここでの自己志向的動機とは「将来のための経験がつめるから」「自己成長のため」など自分自身の目的達成のための行動への動機づけがあり、他者志向的動機とは「応援してくれる家族や仲間、周囲の人のため」など他者の福利を増すことを目的とした行動への動機づけである。

コラム

協力隊のリアリティ・ショック対応

協力隊がリアリティ・ショックに陥らないためには、できるだけ生活や活動内容に関する隊員のイメージと現実の相違を無くすことが重要であることはいうまでもない。この点については、すでに様々な文献で指摘されてきた。もっとも、YさんとKさんの場合は、隊員と受入地域のコミュニケーションだけでなく、行政と協議会のコミュニケーションも十分ではなかったことも問題であった。

一方、リアリティ・ショックの克服にあたって、これまではやる気に関する指摘はほとんどされてこなかったが、本章の事例から隊員本人のやる気のマネジメントによってもリアリティ・ショックの回避および克服が期待できる。

まず、リアリティ・ショックを回避するためには、協力隊として着任する前の研修などで、隊員のやる気の強弱を調整する必要がある。着任する際は、一般的にどの隊員もやる気に満ちているが、関係者からみてそのやる気が強すぎると感じた場合は、注意が必要である。やる気が強すぎると着任当初から過剰に活動してしまい、受入側がそのスピード感についていけず負担や不信を感じる可能性がある。また、受入側と隊員との間に認識に違いがあると、どちらか一方が必要以上に失望感を感じるかもしれない。隊員が必要以上にやる気に満ちている場合は、少し冷静になるよう働きかけることも必要である。

次に、リアリティ・ショックの回避だけでなく、それを克服する際に重要になるのが隊員の動機の調整である。リアリティ・ショックを感じる隊員に多いと考えられるのが、自己志向的な動機である。当人は「地域のため」に活動していると思っていても、実際は「自己実現のため」の活動になってはいないだろうか。このように、やる気の「矢印」がどちらに向いているのかを要所要所で確認しながら活動していくことが必要である。

もし、行政担当者など関係者からみて、隊員の活動が自己志向的な動機づけによると強く感じた場合は、「地域のため」「活動を支える仲間のため」といった、他者志向的な動機づけを意識させるような働きかけをしていくことが求められる。

最後に、本章でみたようなリアリティ・ショックの克服過程は、隊員が成長するプロセスでもある。その意味では、隊員のコーディネートにあたる関係者が意識的にやる気のマネジメントにつながる働きかけを行うことは、隊員が地域づくり人材として成長するきっかけを与える意味でも重要である。

（髙田晋史）

第8章

想定外の役割を前向きに受け入れる「お役目」思考

1 農山村における地域活動のやる気

農山村では様々な分野で人材不足が深刻化している。観光施設、福祉施設、交流施設などでは、現場のスタッフやボランティアだけでなく、運営を担うマネージャーが確保できないケースも少なくない。結果として必要な経験も乏しく、やる気も十分でない「普通の人」が、期せずしてその役を任されることもありうる。

本章では、大分県国東市のある地区に移住し、想定とは異なる形で施設の責任者を担うことになったA氏を例に、A氏のやる気や動機がどう変化したのか、その変化の理由は何なのかについて分析する。特にやる気と活動内容のギャップに対して、どのように気持ちを整理したのかを検討する。

A氏はもともと地域活動に積極的なタイプだが、それでも悩みながら取り組んでいる姿から、地域での大きな責任、役職を引き受けるかどうか、受ける場合の気持ちの整理の仕方や、活動への向き合い方を考えるきっかけにしてもらいたい。

2　事例地域と対象者

本章で取り上げるのは、大分県国東市国見町熊毛地区で活動するA氏である（図8―1）。国東市は、平成の大合併により、国見町、国東町、武蔵町、安岐町が合併して誕生した。国見町には3つの公民館区（竹田津、伊美、熊毛）がある。また、熊毛地区は、4つの大字（岐部、小熊毛、大熊毛、向田）に分かれ、後に取り上げる岐部はさらに上岐部、中岐部、下岐部の3つの自治会から構成される。熊毛地区で活動する組織としては、「くまげ支えあいの会大輪（以下、大輪）」という地域運営組織があり、地区公民館を拠点としている。大輪では主に高齢者支援を行っており、カフェや食事会の運営、スマホ教室、生活支援、買い物支援や通院支援といった活動をしている。

A氏は50歳代の女性で、岐部（人口437人、174世帯）に、子どもと二人で住みながらゲストハウスを経営しつつ、後述のように2022年4月からは地区内の交流施設

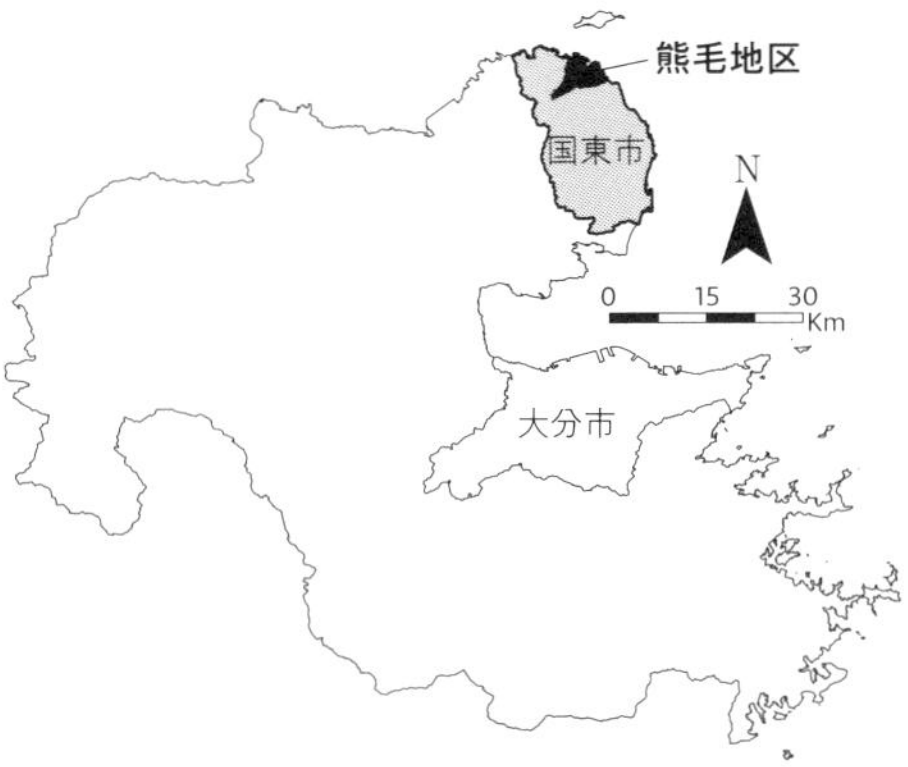

図8-1　国東市熊毛地区の位置図
（筒井作成）

の常駐者も務めている。(注) また、大輪のスタッフとして、カフェや食事会の企画や運営などに積極的に関わった経験もある。

3 A氏の地域活動への参画とやる気

大輪が行った地域の全戸調査では、「地域の拠点がほしい」という声が多く挙がり、調査に関わったA氏は、これを問題意識としてもっていた。また大輪でカフェスタッフとして関わっているなかでも、カフェにくる人はいつも同じでなかなか利用者が増えず、限られた曜日の開催ではなく、いつでも寄り合える拠点がほしいと感じていた。

そこで、A氏は「岐部ふるさと興す会(以下、興す会)」と一緒に、寄り合える地域の拠点づくりのプロジェクトを立ち上げた。コンセプトは「地域の人たちが安心して楽しく暮らせるための拠点づくり」「子どもから高齢者までが生涯にわたり安心して暮らせる地域づくり」「やりがいといきがいのある楽しい暮らしを生涯にわたり続けられる地域づくり」などであった。当初任意組織だった興す会は、2022年3月末からは特定非営利活動法人となり、A氏は理事となった。法人となった興す会は、拠点として地区にある「国見ふるさと展示館(以下、展示館)」の指定管理を国東市から受けることになる。

その後プロジェクトが進行するなかで、A氏の役割は当初想定したものとはズレていく。2021年10月の指定管理の申請を行う段階では、当時地域で活動をしていた地域おこし協力隊員に展示館の常駐者として関わってもらえるように調整していた。しかし指定管理の決定後に、市の方針で隊員の配置はできなくなり、2022年3月に、急遽、A氏が常駐者を担うこととなった。施設は2022年4月にオープンするが、そこでのA氏の業務内容は、展示館の事務やイベントの企画運営に加え、日頃の受付、清掃、施錠、スタッフの労務管理、敷地内にある食事処の「城山亭」での調理補助や食材調達、弁当配達などで、休館日の水曜日以外はフルタイムの業務量になることが想定された。

A氏のやる気は、この常駐者とならざるを得なくなった2022年3月の時点で大きく変化した。企画、申請段階ではプロジェクトマネージャーのような立ち位置で関わることを想定していた。「企画を考える時が一番楽しい」「これまでもプロジェクトを立ち上げたりすることが多かった」と述べており、十分なやる気をもって取り組んでいた。しかし常駐者も務めるという予期せぬ展開に対して、A氏は「市役所から指定管理が決まった後に協力隊員が常駐者にはなれないといわれて、はしごをはずされた感じだった」「常駐者は必要なのに想定していた人ができないとなって困った」と戸惑いを感じていた。それだけでなく、後任確保の目処が立たないことなどを不安視し、また、経営上の問題や業務の多さから悩みが尽きず、A氏のやる気は低下していった。

しかしA氏は「ベストな時にベストなことしか起きないと思っている」「地域での出来事も何か意味があると思っている」と述べており、施設のオープンを目前に控え、急遽常駐者を担うこととなった状況で、短い時間で考えを切り替え、置かれた立場を前向きにとらえ直していた。このプロジェクトはA氏自身が企画して取り組みはじめた経緯があり、地域の拠点が必要という当初からの

表 8-1　A氏の発言からみる動機

要因	機会	主な発言	動機の対象
楽しさ	人との交流	「一緒にやっている 70 歳代の方が、楽しいといってきてくれる」 「普段人と話す機会が少ないから、いろんな人と会話ができるのが楽しい」	自分
	イベント企画	「ワクワクすることとか、楽しいことをみつけながら提案できている」 「企画したことを仲間と一緒にできて楽しい」	自分 仲間
意志	全般	「やらされ感はあまり感じていない」 「自分がつくりだした未来だから、お役目と思ってがんばっている」	自分
達成感	食事処	「店に食べにきてくれるお客さんが美味しかったといってくれて嬉しい」	自分
	イベント運営	「イベントの結果をみて、すごいねといってくれる地域の人もいる」 「イベントで人が集まるとやってよかったと思う」	自分
責任感	全般	「Aさんがいないと困るといわれて、自分が必要とされている」 「自分の子どもの故郷がなくならないようにこの場所を守りたい」 「地域の人にもここに住んでよかったなと思ってほしい」	自分 地域
仲間の存在	全般	「一緒に取り組む仲間ができて、仲間のために活動しようと感じた」 「仲間や自分と関わりたいと思ってくれている人のためにがんばっている」	仲間

（ヒアリングデータをもとに筆者作成）

強い思いを自覚し直し、「お役目」として予期せぬ展開を乗り切ろうとしていた。「常駐者にならないといけなくなったけど、こうなったからには、これはここでの私の〝お役目〟なんだなと感じた」「この〝お役目〟が終わった後に自分のやりたいことができるようになるはず」と述べている。

4　動機の変化の実態

このようにまずは「お役目」だと自分にいい聞かせることで、活動に対するやる気を高めていくが、施設オープン後には、一緒に運営する仲間の存在や地域住民、利用者からの評価がさらにA氏のやる気を高めていく。施設オープンから4カ月がたった2022年8月時点でのA氏のやる気と動機について、ヒアリングでの発言から分析する（表8―1）。

まず、A氏は交流やイベント企画に「楽しさ」を感じながら取り組んでいた。また、自分がはじめたプロジェクトであり、やらされ感はなく、お役目だと感じて自分の「意志」で取り組んでいた。動機の対象としては、楽しさを感じたり、お役目として自分の意志で動く「自分のため」や、一緒に取り組む「仲間のため」である。次に、A氏は食事処を運営するなかでお店にきた人から高い評価を受けたり、イベント企画や運営の成功体験をもとに、「達成感」を感じながら取り組んでいた。この達成感も「自分のため」といえる。

そして、A氏は活動を通じて、周囲からの期待を感じ、地域住民や自身の子どものためにも地域を守っていくという「責任感」をもって取り組んでいた。また、一緒に取り組む仲間をつくり、仲間の存在を大事にしながら活動していた。以上のように、A氏の動機は、地域のなかで自分の役割を果たそうとする「自分のため」や、貢献したいという「地域のため」、一緒に取り組む「仲間のため」という複合的なものであった。

5　予期せぬ地域活動のやる気と動機の変化

本章では、期せずして想定外の役割を担うことになったA氏の事例から、やる気や動機の変化を分析してきた。A氏のやる気と動機の変化を第1章の図1―2を参考に図8―2のように整理した。

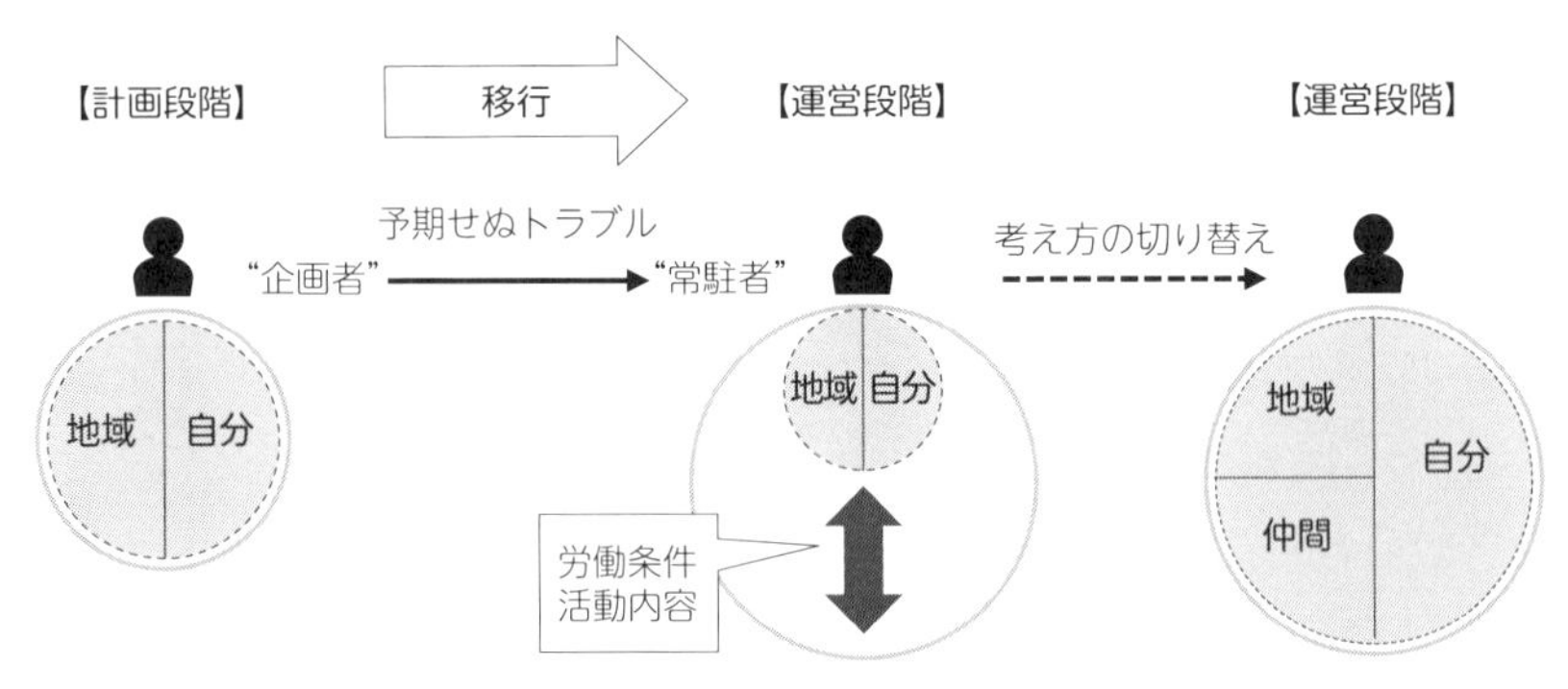

図 8-2　A氏のやる気と動機の変化

（筆者作成）

活動量を灰色円の大きさで表現し、それに対してA氏のやる気がどのように変化したかを点円の大きさで表している。また、点円の内訳でそれぞれの動機がどのようなものかを整理した。

まずやる気については、当初は十分なやる気でプロジェクトをすすめていた（図8―2の左の円）。その後想定外の役割を担うことになり、その活動内容や活動量に葛藤を抱え、やる気が小さくなった時期もあった（図8―2の中央の円）。その後自身の気持ちを整理してやる気を高め、活動を継続させていた（図8―2の右の円）。

動機については、計画段階では得意な企画提案が「自分のため」、地域の課題解決につながる「地域のため」と考え、これらが動機となっていた。その後一度しぼんだやる気を復活させるため、A氏はこの仕事は自分の「お役目」であると考えを切り替えて、そこからは「楽しさ」や「意志」「達成感」「責任感」や「仲間の存在」など、「自分のため」「地域のため」「仲間のため」という動機をもつことで結果的にやる気を高めていた。

地域活動に参画する際は、やる気を常に高くもてるとは限らず、置かれた状況によって悩み、上がったり下がったりする。A氏のケースを踏まえれば、積極的に「お役目」として役割をとらえ直し、その後の活動を通じて「楽しさ」や「達成感」「責任感」を感じながら活動することがポイントといえる。興す会、また展示館でのA氏のポジションは、スタッフ、メンバーというよりもマネージャー、リーダーに近いが、A氏の「お役目」思考は一般のスタッフ、メンバーの立場でも参考になる。何かしらの役割を引き受けざるを得なくなった際には、まずは「お役目」としてその立場を前向きに受け入れられれば、その後は活動のなかでほかの動機が生まれてくる可能性もある。このような考え方で活動に向き合うことで、気持ちが整理できるケースもあるのではないだろうか。

（安部梨杏）

注　いずれも2022年8月の調査時点のデータ。

コラム

地域活動における仲間づくり

本章では、期せずして大きな役割を担うことになったA氏に着目し、やる気の変化と動機の変化を整理した。その際、A氏を取り囲む人間関係やつながりも、やる気向上に少なからず影響していた。図8-2でも中央から右への移行で「仲間のため」が増えている。本コラムでは、この仲間づくり、人間関係の構築という観点から、地域リーダーや行政側が留意すべき点を提示する。

A氏は新たな拠点づくりのプロジェクトをすすめる際に、地区内の6名の協力者と一緒にすすめていた。この6名はA氏がお世話になっている地区班長や、同じ地区に住む友人や子どもの同級生のお母さん、大輪でともに活動したカフェスタッフなどで構成されていた。この人選は、プロジェクトの企画段階から一緒に活動していくことを想定し、A氏から声をかけた。これらの協力者の存在が、表8-1における「一緒に取り組む仲間ができて、仲間のために活動しようと感じた」という発言にもつながっている。

地域リーダーや行政側には、地域づくりの実践者にとってネットワークづくりが必要であり、そのような場を創出することが大切であることを伝えたい。具体的には、地域内の課題をざっくばらんに話し合う協議の場や、イベントなどの気軽に参加できるような場を指す。A氏は「自治会に入って地域の会議や行事に出ていってみると楽しかった」「地区の皆さんが自分のことを知ってくれていて、地元のつながりというものを感じた」として、自治会や大輪での活動に喜びを感じており、そこでのネットワークが、展示館の運営チーム6名の形成につながっていた。自治会や各種サロン、地域運営組織など、地域での活動に参画することは人とのつながりが広がる可能性を秘めているが、それを意識的に実践しているケースはまだ多くない。移住者であっても本人が希望すれば班長などのポジションを積極的に任せてみんなでサポートする、大輪のカフェスタッフのように、少人数のチーム制を取り入れる、作業の合間に交流する機会を設けるなどが考えられる。これらの場の形成を通じて「誰か」とつながり、思いを秘めていた地域内の人材が掘り起こされ、「誰か」と一緒に新たな取り組みが展開されるかもしれない。

（安部梨杏）

第9章

集落営農法人の先代の心理的葛藤を緩和する「出番と目線」

1 創業者はどのように身を引くべきか

本書は、地域づくりに関わる「普通の人」、非リーダーのやる気や動機がテーマだが、本章では事例編の最後に、応用問題としてリーダーの引き際に焦点を当ててみる。一般的にリーダー、特に創業者はゼロから事業や法人を立ち上げた経緯もあり、その分、組織への思いは強くなる。引退を考える年齢になっても「まだまだやれる」と考えたり、下の世代に対しては「若いものはまだまだできていない」と感じたりする創業者も少なくない。

企業経営やファミリービジネスの研究では、会社のトップを後継者に譲ったあとの創業者、いわゆる先代の社内での動向が後継者の取り組みに影響を及ぼすことが指摘されている。創業者はトップ交代後もアドバイザーや名誉会長などとして会社の中枢にとどまることも多く、このことは自律性の侵害など後継者の取り組みにネガティブな影響を与えることが懸念されている。[注1] その一方で、創業者は、経営者としてのキャリアの終盤に入ると、引退に対するプレッシャーを感じること、[注2] 創業者は後継者への継承にあたっては様々な葛藤をもつことが指摘されている。自らが設立した会社のトップから身を引くことは思いのほか簡単ではなく、かつ身の引き方は事業のパフォーマンスにも影響を与えかねないものである。

しかしながら、我々が経営に関する書籍を探しても、経営者のなり方や育成に関する書籍は多く目にするが、「組織のトップからの降り方」に関する書籍はほとんど見かけない。先代が経営の中枢に居続けることへの懸念は古くから議論がされているものの、「どう降りるか」については依然として十分な研究がされていないのである。

本章では集落営農法人を対象に、その立ち上げを主導した前代表が後継者への交代後にどのように法人と関わり、その過程でどのような葛藤を抱え、それをどう克服、もしくは受け入れているのかを、島根県の3法人を事例にみていく。そこから、地域づくりにおける「先代の降り方」の要点を考えてみたい。

2 集落営農法人の世代交代

(1) 世代交代の難しさ

集落営農とは、農地の所有権を個人に残したまま、その農地を集落あるいは特定の地域で共同管理していこうというシステムである。日本各地で法人を設立して取り組まれているが、多くの集落営農法人ではメンバーの高齢化がすすみ、組織の設立や運営において中心的な役割を果たしたメンバーの世代交代が課題である。(注3) 一般的に、世代交代は後継者の確保と育成、後継者との交代、前経営者の引退までを指す。こうしたなかで、経営者は「どのように引退すべきか」、法人側は「先代をどのように取り扱うか」を考える必要がある。

むろん、一般企業やファミリービジネスと集落営農法人とでは成り立ちや特徴が異なるが、集落営農においても代表の理念が組織運営を規定するとの指摘もあり、特に設立を主導した創業者の影響力は大きいとされている。(注4) 集落営農法人の場合、集落など特定地域の住民が構成員になるため、後継者へと世代交代をしても先代は住民として何らかの形で法人に関わることになる。先代の豊富な経験にもとづくスキルやノウハウは法人経営において重要である。また、多くの集落営農法人は人材不足であり、かつ次世代を育成する仕組みが整っているわけではない。したがって、集落営農法人の創業者は、何らかのかたちで法人に関わりながら徐々に身を引くことが求められる。

表 9-1　3 法人の概要

	A 法人	B 法人	C 法人
設立年次（法人化）	1992 年（2005 年）	1998 年（2012 年）	1987 年（2000 年）
地理的条件	中山間地域	平地農業地域	中山間地域
現代表の就任年 年齢・性別	2018 年 45 歳・男	2019 年 72 歳・男	2012 年 74 歳・男
先代の在任期間 年齢・性別	2009-17 年 71 歳・男	2010-18 年 76 歳・男	2000-08 年 83 歳・男
組合員数（従業員数）	26 戸・42 名（1 名）	27 戸・56 名（0 名）	11 戸・21 名（0 名）
組合員の平均年齢	68 歳	50 歳代前半	61 歳
事業内容	営農、作業受託、加工、集落放牧、養蜂	営農、作業受託、加工、籾殻販売、堆肥生産	営農、作業受託、加工
経営耕地面積	19.9ha	42.2ha	11.9ha
売上高（2022 年度）	約 2,500 万円	約 5,100 万円	約 1,400 万円

資料：ヒアリング調査および総会資料などをもとに作成。
注 1：内容はヒアリング時（2023 年現在）のものである。
注 2：C 法人の先代は代表経験者ではないため、理事在任期間を示している。

（2）島根県の集落営農の取り組み

島根県は我が国でも早くから集落営農振興に取り組んできた県であり、集落営農法人の一部は創業者の世代交代を終えている。

表9−1は、本章で取り上げる3法人の概要を示している。これら3法人の主要作物は水稲である。

A法人は中山間地域に位置しており、1992年に任意組織である集落営農組合として設立され、2005年に法人化された。先代Sさんは2023年現在71歳で、1992年の集落営農組合の設立において中心的な役割を果たした。2009年から17年まで代表を務め、2018年に現代表のDさん（45歳）と交代した。

B法人は平地に位置し、1998年に任意組織である集落営農組合として設立され、2012年に法人化された。先代Oさんは76歳で、1998年の集落営農組合の設立において中心的な役割を果たした。2010年から18年まで代表を務め、2019年に現代表のHさん（72歳）と交代した。

C法人は中山間地域に位置し、1987年に任意組織である集落営農組合として設立され、2000年に法人化された。C法人は近隣5法人と有限責任事業組合（LLP）を設立し、農業資材の共同購入および農産物の共同販売を行っている。C法人の先代は他界しているため、法人化やそれ以降の運営において中心的な役割を果たしてきたNさん（83歳）を先代として考察する。なお、Nさんは前述のLLPの設立と運営においても中心的な役割を果たしてきた人物である。C法人の現代表はUさん（74歳）であり、2012年から代表を務めている。

A法人は代表を含めた2名の専従組合員と1名の従業員が中心となり事業を展開するいわゆる専従型法人であり、B法人とC法人は組合員の大半が兼業農家で定年退職後に本格的に法人運営に関わる法人といった特徴がある。

3　先代創業者の法人運営への関わり

(1)　代表を交代するまで

A法人の先代Sさんは長らく会社勤めをする兼業農家であったが、会社を退職後、集落営農組合の立ち上げに関わり、1992年から2004年までは集落営農組合の事務局を務めた。2005年の法人化以降は08年まで理事（総務担当）を務めたが実質的には法人運営を担い、S

さん曰く「代表のような役割を果たしていた」とのことである。Sさんが代表に就任した2年後の2011年にDさんが就農のためにUターンをした。Sさんは当初からDさんを後継者候補として目をつけ、以降7年間、Dさんと一緒に作業をしたり、研修に参加したりするなど後継者として目をかけてきた。その過程で、Sさんは従事分量配当を調整したり、会計業務など手当が付く役職をDさんに任せたりしたながら、Dさんが法人の仕事で生計を維持していけるだけの環境を整備していった。そして、2015年にはDさんを理事（総務担当）に登用し、2018年に代表を交代した。

B法人の先代Oさんは、かつては地元のJAに勤務しており、JA職員時代は営農指導に従事していた。そして、支所長時代に周辺地域の集落営農の設立に携わり、B法人の前身である集落営農組合の設立にも関わった。その2年後の2000年に、定年を待たずにJAを退職し、集落営農組合の理事（営農担当）となった。Oさん曰く「自分が立ち上げた組織をしっかり見届けるためにJAを退職した」とのことである。その後、2010年より代表を3期務めたが、2期目からHさんを後継者候補として目をつけ、Hさんをともなって外部の会合に参加するなど、Oさんの言葉を借りればHさんを後継者にする雰囲気を醸成していった。Oさんは当初から70歳で代表を退くことを考えており、2019年にHさんと交代した。

C法人の先代Nさんは、かつて地元の行政職員として農業関連の業務を担当していた。その関係で、1987年の集落営農組合の設立に関わった。また、その後の法人化やLLPの設立もNさんが中心となってすすめていった。2000年に法人化してからは理事を務め、2009年に設立メンバー全員が法人の役職から退くことにともない理事を退任した。この背景には、世帯ごとに世代交代が行われていたことがあり、各世帯の子ども世代が法人運営に関わることになった。現代表のＵさんへのヒアリングによると、一般的にＣ法人では年齢順で代表に就任していき、基本的には副代表をしばらく務めてから代表に就任するとのことである。

（2）代表を交代してから

図9―1は、代表交代後の先代の法人運営への関わりを示したものである。

Ａ法人の先代Ｓさんは、代表交代後、営農担当理事として代表のＤさんを支えることになった。1年目はＳさんやＤさんの父親が多くの口出しをしてしまい、混乱を招いた。その経験もあり、2年目からは表立って意見することは避けるようになり、Ｓさん曰く「一切何もいわなくなった」。3年目にはこれまでＤさんと共同で作成していた作付計画もＤさんに任せるようになった。Ｓさんは3年の任期満了で理事も退任するが、Ｄさんの依頼もあり２０２１年から監事に就任した。監事としてのＳさんは「会計は厳しくチェックするようにしている」とのことである。法人の繰越余剰金の使途についてもＤさんの提案に反対した。この行動は、会計に緊張感をもたせるためである。Ｓさん曰く、理事の一部は制度や税務などの理解が不十分であることから、「トップがデタラメしても誰も気づかない」という懸念があるからである。繰越余剰金の使途については理事会での話し合いの末、最終的にはＤさんの提案が受け入れられた。２０２２年から、Ｄさんの発案で試験的に始まった養蜂事業をＳさんが担うことになった。養蜂事業はＤさんが新たな事業とし

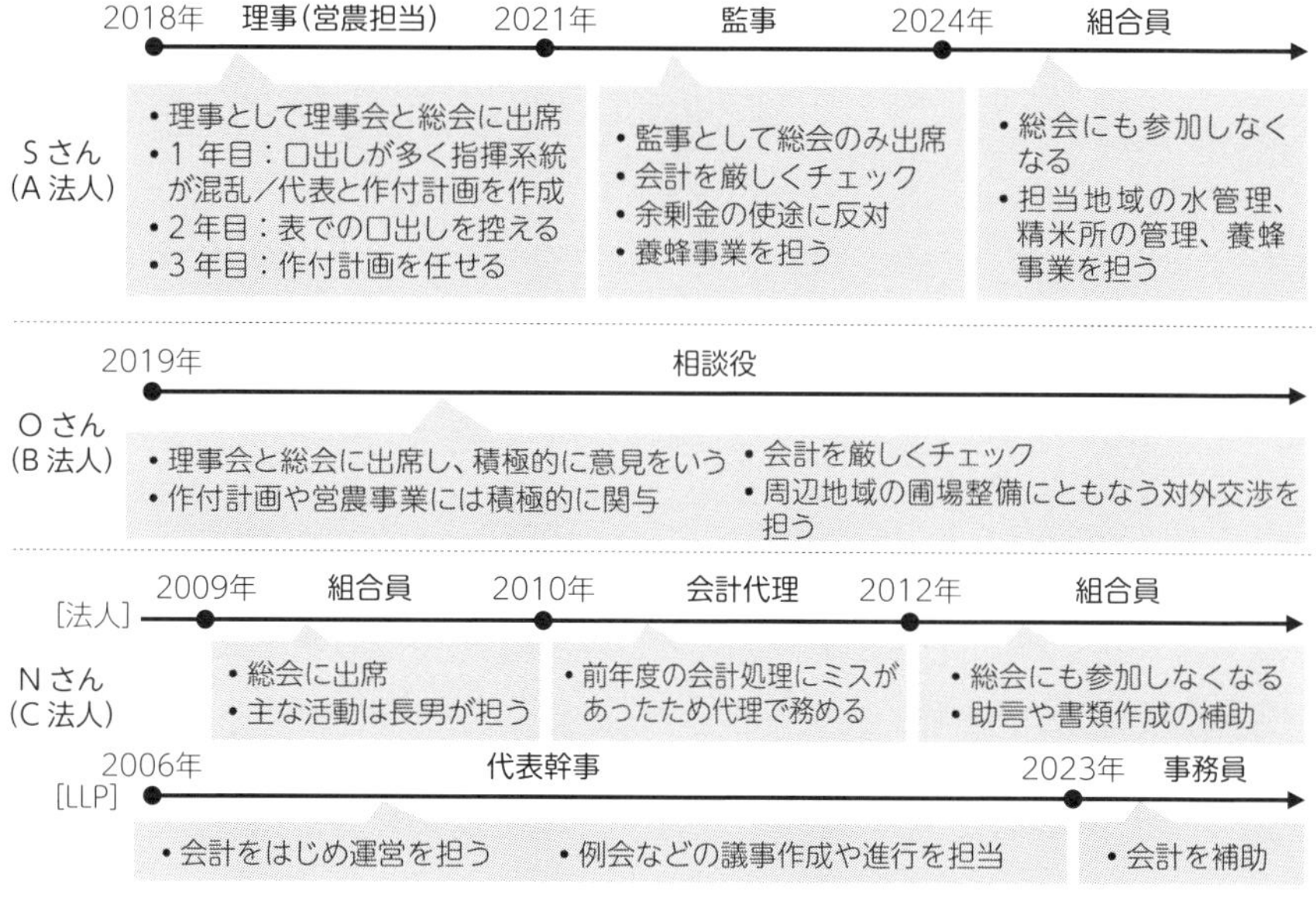

図 9-1　代表交代後における先代の法人運営への関わり

資料：ヒアリング調査をもとに作成。

て注目し、その適任者として養蜂の経験があるSさんに依頼した。監事の任期満了後はいち組合員となり、担当地域の水管理と精米所の管理、そして養蜂事業を担っている。また、総会には参加しなくなった。

B法人の先代Oさんは代表交代後、代表のHさんの依頼で相談役に就任した。相談役はOさんのために新たに設置された役職である。相談役としてのOさんは、これまでと同じスタンスで法人運営に関わっており、理事会や総会でも積極的に意見をしている。なかでも、営農事業には積極的に関与しており、会計についても隅々まで細かくチェックしている。これについては、Oさん曰く「若い世代は農業経験が不足しており、ノウハウを伝えることに時間がかかる」こと、「会計を見て経営判断ができるような人材がいない」ことが背景にある。また、B法人を含む一帯の地域では大規模な圃場整備が行われており、周辺の7法人と今後の方向性について協議がもたれている。こうしたなかで、O氏はJA職員OBとしての経験や自身のネットワークを活用し、B法人の立場を主張している。圃場整備はあと10年ほどかかる予定であり、Oさん曰く「圃場整備が終了し、法人や地域の方向性が定まるまでは引退できないかもしれない」とのことである。

C法人の先代Nさんは、理事退任後、法人運営に関する主な活動は長男に任せていち組合員となり、表立っての発言は避けていた。ところが、1年後の2010年に法人の会計処理に大きなミスが発生し、その後の2年間はNさんが代理で会計を務めることとなった。Nさん曰く「会計を任せることができる人材がいない」ことがトラブルの背景にある。2012年からは再びいち組合員に戻り、現在は総会にも出席していない。そうしたなかで、必要に応じて個人的に助言をしたり、書類作成をサポートしたりしており、Nさん曰く〝裏方〟として法人運営を支えている。その一方で、LLPの運営に関しては長らく中心的な役割を果たしてきた。2006年にLLPが設立されてから23年まで、Nさんは代表幹事としてLLPの運営全般を担い、例会などの議事作成および進行なども担当してきた。Nさん曰く「法人とLLPの課題は共通する部分も多く、(法人でいいたいことがいえない分)LLPでいいたいことをいっている」とのことである。2023年に代表幹事を退任し、現在は事務員として会計を補佐している。

このように、代表交代後の先代の法人運営への関わりは多様である。A法人の先代Sさんの場合は徐々に関わりを減らしながらいち組合員へと引いていったパターン、B法人の先代Oさんの場合は代表交代後もこれまでと変わらないスタンスで法人運営に関わるパターン、C法人の先代Nさんの場合は、法人運営では関わりを減らしていち組合員として裏方にまわるが、関連組織では中心的な役割を持ち続け、自身の活動の場を確保するパターンといえる。

4　先代が抱える心理的葛藤

今回取り上げた3つの取り組みにおいて、先代は世代交代で様々な葛藤を抱えていた。その背景には、先代の法人への強い思いや崇高な理念があり、先代と現代表および次世代で動機の違いがある。

A法人の先代Sさんは、「ここの農地は住民で守りたいという思いで法人化した」「集落営農をはじめ制度的なことを理解している人があまりいない」「機械に乗ることだけでなくモノをつくることが農業といいたい」と自身が設立に関わった集落営農法人や、農業に対する強い思い、独自の考え方をもっている。その一方で、「古い考えを押しつけたら若い人はついてこない」「やかましいことをいいたいがいい過ぎたら代表が困ってしまう」「排水など気になることがあるが監事としてどこまでいってよいのか」といったように「口出しをしたいが代表を困らせてはいけない」「農業において気づいたことをどの程度までいってよいのか」といった葛藤を抱えている。特に先代Sさんは、前述したように代表交代に向けて7年間、Dさんに併走しながら成長を支えたが、それでもこのような葛藤が生まれている。

Ｂ法人の先代Ｏさんは、「この辺の地域の集落営農のトップランナーにならなければならない」「この地域をどうしていくべきかという情熱やビジョンをもつ必要がある」「お互い共存共栄の理念が重要で個人主義ではいけない」とのことで、ＪＡ職員時代にＢ法人だけでなく周辺地域の集落営農設立にも関わった経験から集落営農に対する思いは強い。また、次世代の地域への姿勢にも一定程度の不満をもっている。こうしたこともあり、「法人運営の全てを任せてしまうのは心配」とのことで、Ｏさん曰く「代表を交代してもまだ紐を引っ張っている状態」とのことである。その一方で、「相談役として代表を支えたいと考えているが、代表にとっては目の上のたんこぶかもしれない」「（相談役に就任したことについて）引退した者が表に出てもよいものだろうか」というように、一定程度の葛藤を抱えている。

Ｃ法人の先代Ｎさんは、「農業をしながら豊かに暮らせる地域をつくるために法人化した」「現在のメンバーは設立に関わっていないこともあり価値観が違う」「惰性的なところがあり、気がついたら足元がグラグラになっている」「地域より個人の意志を尊重する流れになっており、地域の存続が危うい」「このままの状況だと法人経営が維持できない」とのことで、法人運営や地域の将来に対する強い危機感をもっている。その一方で、「いいたいことはあるけどいわないようにしている」「次の世代は自分たちでできるようにならないといけない」とのことで、下の世代の自律を促すために口出しを控えているという。また、「もう一度、原点に戻って地域をどうしていくか議論すべきだが、今の状況を考えると若い世代に〝地域に残れ〟とはいえない」とのことで、「若い世代が地域に残らないと地域が維持できない」という考えはあるものの、そのことを強制できないといった葛藤も抱えている。

代表が40歳代と若手で、かつ専従で法人運営を担うA法人とは異なり、B法人とC法人の現代表はいかにして経営状況を悪化させずに次につなぐかを意識しながら法人運営を行っている。B法人の現代表Hさんは「当初は2年やればよいと思っていた」「現状から経営状況を落とさないことが大きな目的」と述べており、C法人の現代表Uさんは「人がいないから会社勤めをしていてもやらないといけない」「各部署に仕事を任せながらやっているので会社勤めと両立ができる」と述べている。このことから、いかにして先代から引き継いだ法人の経営を維持し次につなぐかという現実的な経営をしているといえる。

5　代表交代後の先代の心理的葛藤の構造と対応

代表交代後の先代が抱える心理的葛藤の要因として大きく2つ挙げることができる。

ひとつ目は、集落営農や農業などに関する次世代との考え方の違いである。これはジェネレーションギャップともいえ、本章で取り上げた3つの取り組みに限らず普遍的に存在する課題である。そうしたなかで、先代創業者ならではの課題として「高い理想」をもつ傾向があることが指摘できる。

図9―2は、代表交代による先代のやる気の大きさ、動機の構成、活動量の変化を示したものである。これをみると、代表交代前の先代の動機の構成は「地域のため」「法人のため」が大きな割合を占めることがわかる。先代創業者は、集落営農という概念が一般的ではない時代に、ゼロから

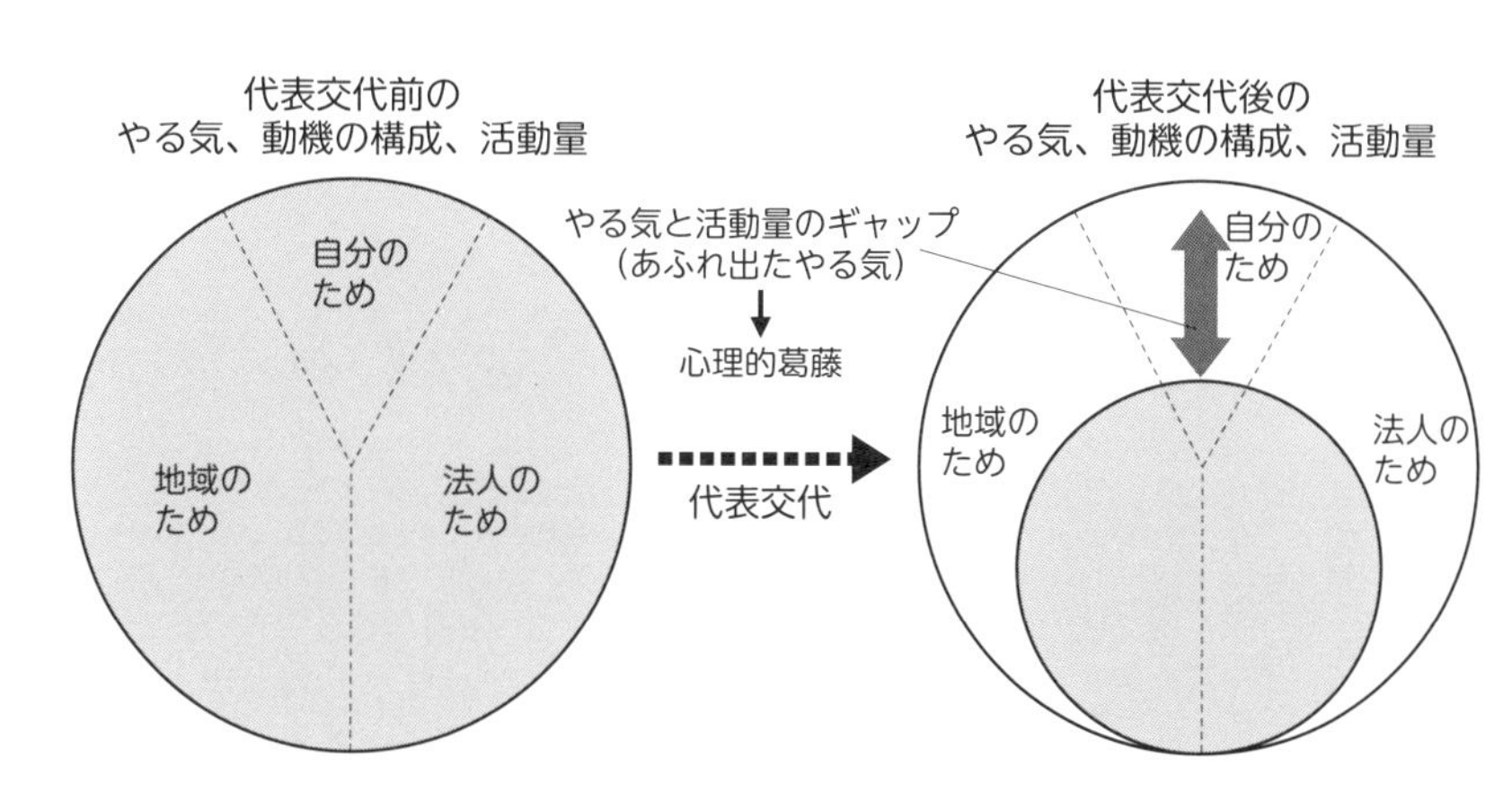

図 9-2　代表交代による先代のやる気、動機の構成、活動量の変化（筆者作成）

法人を立ち上げた経緯があり、地域住民の合意形成から組織づくり、さらには販路開拓まで、様々な試行錯誤を重ねてきた。そのためには、長期的なビジョンを掲げて法人や地域をまとめる必要があり、「これからの地域をどうしていきたいか」「法人を核にどのような地域をつくるのか」を考えて試行錯誤を重ねてきた。すなわち、「法人のため」の活動は「地域のため」の活動でもあり、さらにいえば「法人のため」の活動は先代の理想を体現する「自分のため」の活動ともいうことができる。したがって、動機の構成において「自分のため」「地域のため」「法人のため」の境界が曖昧なため、図では破線で示している。

一方で、次世代はどうだろうか。次世代の動機の構成は様々だと考えられるが、本章の3法人の現代表は総じて「法人のため」の割合が大きくやる気も十分にある。彼らなりに地域のことも考えている。具体的に「法人のため」の活動をみると、現実的なスタンスでの運営にならざるをえない側面がある。A法人の現代表は、自身が専従の組合員であるうえに従業員も雇用しているため、「いかに収益をあげるか」が目下の課題である。兼業の組合員が大半であるB法人とC法人の現代表にとっては、「法人を維持し次世代につなぐこと」が目下の課題である。これについては、昨今の定年延長の影響を受け、代表の担い手や幹部を探すことが困難になりつつあることも背景にある。このように法人をとりまく環境が変化するなかで、次世代は現実的なスタンスでの運営を余儀なくされており、このことは先代にとっては物足りなく感じるかもしれないが、次世代にとっては「地域のため」の視点から「高い理想」を掲げる先代の考えが「重い」と感じるのである。

2つ目は、代表交代による先代の活動量の減少である。図の右側で代表交代後の先代のやる気、動機の構成、活動量を示している。外側の円は先代のやる気の大きさである。代表を交代しても先代のやる気が減少するわけではなく以前と変わらない。加えて、動機の構成もさほど変化しないと考えられる。しかし、代表を退くと法人内での活動量は減ることになる。図では代表交代後の先代の活動量を内側の円で示しているが、活動量を示す円とやる気を示す円の間にギャップ（あふれ出たやる気）が存在している。A法人とB法人の先代はワンマン経営的な運営であったため、活動量の減少が比較的大きかったと考えられる。この点について、集落営農の立ち上げには強力なリーダーシップが必要なため、ワンマン経営的な運営をしていた創業者は少なくないはずである。

こうした心理的葛藤を軽減するためにはどのような対応を取るべきであろうか。

まず、先代の「高い理想」に起因する葛藤については両者の歩み寄りが重要であるが、先代側に立ってみると、先代自身が次世代と接するときには「地域のため」の割合を少し減らすなどして、目線を合わせてみてはどうだろうか。そうすると見える景色が少し変わる可能性がある。人間関係は単純ではないかもしれないが、動機の構成を調整することで「最近の若いもんは～」といっていたところが、「若いもんも若いもんなりに考えてるんだな」と考えるようになるかもしれない。
　次に、先代の「あふれ出たやる気」に起因した葛藤については、それをぶつける場、つまり出番をつくることが重要であろう。その点では、Ａ法人の養蜂事業、Ｂ法人の相談役、Ｃ法人のＬＬＰのように、引き続き先代の活躍の場が存在していたことは注目される。これについては、前述した担い手不足から、先代が身を引こうにも引けない状況にあることも指摘しておかねばならない。加えて、組合員の育成も課題であり、特に会計や営農を担う組合員の育成が急務である。以上をふまえると、先代が法人運営にどの程度関わるべきかは法人の置かれた環境や人間関係によっても異なるといえ、今後はさらなる事例の検証が求められる。

（髙田晋史）

注

1 Lansberg, I. (1988). The Succession Conspiracy, Family Business Review, 1（2）: 119-143.
Botelho, E. L., Hryden, B. S. and Wright, B. J.（2023）Beware the Transition from an Iconic CEO, Harvard Business Review, https:/ /hbr.org/2023/02/beware-the- transition-from-an-iconic-ceo. を参照。

2 Handler, W.（1994）. Succession in Family Firms: A Review of the Research, Family Business Review, 7（2）: 133-157 を参照。

3 平林光幸（２０１９）「近年の集落営農組織の動向と再編に関する研究動向」『農林水産政策研究所レビュー』93：6−7を参照。

4 河野章・山本和博・網藤芳男（２００８）「農地維持型集落営農におけるリーダーの経営理念と組織の運営」『農業経営研究』46（1）：25−30を参照。

コラム

先代と次世代が思いを共有する「場」づくり

集落営農の世代交代をいかにすすめるかは集落営農の支援に関わる関係者にとって大きなテーマのひとつである。代表の交代を目指す場合は、「担い手をどう確保・育成するか」にどうしても意識が向かいがちになる。本章で指摘したように、世代交代のなかで先代は心理的葛藤を抱えながら自身の身の振り方について試行錯誤している。したがって、代表の交代をすすめていくにあたっては「先代がどう身を引くか」まで見据えた長期的な取り組みが必要である。

世代交代にあたってサポート側が考慮すべきことは、先代と次世代の考え方の違いは集落営農が置かれている環境の変化に起因していることである。例えば、A法人は現代表をはじめ専従の組合員が中心となって運営されているほか、従業員を雇用するなどチャレンジングな経営をしている。これは、兼業の組合員が中心であり、定年退職した組合員が中心となって運営を担っていた先代のころと比べると大きな変化である。また、兼業の組合員が中心の法人では、定年延長の影響で法人にコミットする組合員を確保することが難しくなっている。このことは、次世代一人ひとりへの負担が大きくなることを意味し、組織の運営で手いっぱいというのが現状であろう。

先代の身の引き方まで見据えたサポートをするうえで重要なのは、先代と次世代など各世代の考えを共有する「場」をつくることである。これはお決まりのフレーズに聞こえるかもしれないが、ひと昔前は地域で宴会がよく開かれ、お酒の力もかりながら世代をこえたコミュニケーションが取られていた。しかし、今ではそうした機会が少なくなった地域も多いと聞く。基本的なことであるが、互いの価値観の共有がすすめば、よりスムーズな世代交代につながるのではないだろうか。

特に、代表交代後の身の振り方は先代自身の考えも重要だが、次世代にも考えがあるはずである。経験豊富な先代は法人にとって貴重な戦力であり、本章で取り上げた3法人の現代表は代表交代後も引き続き先代のサポートを必要としていた。こうした考え方を互いに共有しておくことは重要である。

また、本章では先代に焦点を当てたが、先代から法人を引き継ぐ次世代自身も少なからずプレッシャーを感じている。このことは、一部の先代があまり意識していない部分でもあり、次世代ならではの苦労を知ることは先代が次世代と目線を合わせるうえでも重要である。

このように、普段は面と向かっていえないことを共有する「場」をつくり、先代と次世代のコミュニケーションを深めることは、代表交代にともなう先代の心理的葛藤を軽減するにあたって効果的だと考える。こうした「場」を効果的なものにするためには、「場」をうまくまわすサポート側の能力も問われてくる。どのような「場」をつくり、どのように「場」をまわすのかについては様々な試行錯誤を重ねる必要があり、そもそも第三者によるこうした「場」づくりが最適な方法なのかについても議論の余地がある。大切なことは、サポート側が普段から先代や次世代のやる気、動機の構成、活動量にも目を配ることであり、必要に応じて先代の目線を調整したり、次世代が長期的なビジョンをもてるような環境づくりをしたりすることが求められる。（**髙田晋史**）

第2部

考察編

第10章

「やる気学」の2つの枠組みと「活動クラフティング」

1 本書のコンセプト

地域づくりにおける「普通の人」の「やる気学」、というのが本書のコンセプトであった。その際、リーダーや行政が、活動、事業に普通の人をどう巻き込むか、やる気にさせるかではなく、普通の人自身が地域づくりにどう向き合うかを主題として設定した。地域づくりをめぐっては、意欲や能力のあるリーダーや行政がどうあるべきか、どう行動すべきか、という議論が中心にされてきたが、カリスマリーダーやスーパーマンではない普通の人に着目した研究はあまりされてこなかった。日常のなかで、いきいきと、場合によっては葛藤を抱えながら地域づくりに取り組む普通の人が本書の主役である。

本書のもうひとつの特徴は、能力や活動、成果ではなく、対象者のやる気と動機に注目した点である。まずやる気については、やる気の大きさと活動の量や内容のギャップについて考えた。普通の人にとっては、基本的に活動の量や内容はあらかじめ決められている、与えられるものであり、自分で大きく変えることは難しい。その所与の活動に対して、それに見合うやる気があるかどうかをみてきた。

本章では、第2節でそのやる気と活動の関係について、事例を踏まえて4つに分類し、各事例がどう理解できるのかを整理し、ギャップ発生の背景について考える。次に動機については、その内容や割合とそれぞれの変化を検討する。やる気をコントロールするためには、やる気の元となる動機、言い換えると活動に参加する理由、目的を意識する必要がある。様々な動機がありうるが、本章では第3節で、各章を踏まえ大きく3つの動機を設定し、各事例の登場人物のやる気がどんな動機で構成されていたのか、その割合や変化について整理する。その上で、地域づくりへの参加や活動の継続のためにどういう動機を意識すればよいのかを考えてみたい。

このやる気と動機の検討のうえで、改めて普通の人がどう地域づくりに向き合うべきかを、第4節以降で提案する。特にやる気に対して過大な活動を求められる「しぶしぶ型」の人に対して、経営組織論における「ジョブ・クラフティング」の考え方を参考に、「慣れる・つるむ・サボる」の三つの向き合い方を勧めたい。

2　やる気と活動の関係の4つの型

第1章の図1－2で、やる気と活動の二つの円の大きさが一致する方がよいが、現実には両者がズレるケースも多い。例えば第2章の土地改良区の若手役員は、営農組合の役員が土地改良区の役員になるという「空気」を感じ、自身の就任を覚悟していたが、就任後も「可能ならいつでも辞めたい」と述べている。また第8章で予期せぬ形で交流施設の常駐者を担うこととなったA氏も、気持ちの整理ができないまま活動を始めていた。これらのケースでは、やる気に対して活動のボリュームや負担が大きい、という形でギャップが生じていたといえる。逆に例えば第6章の「大人の学校」に出会う前の女性たちは、活動の場がなかったり、地域の課題を感じつつも行動できないもどかしさを感じていた。前者とは逆に、やる気に対してできることが小さいというギャップがあったといえる。

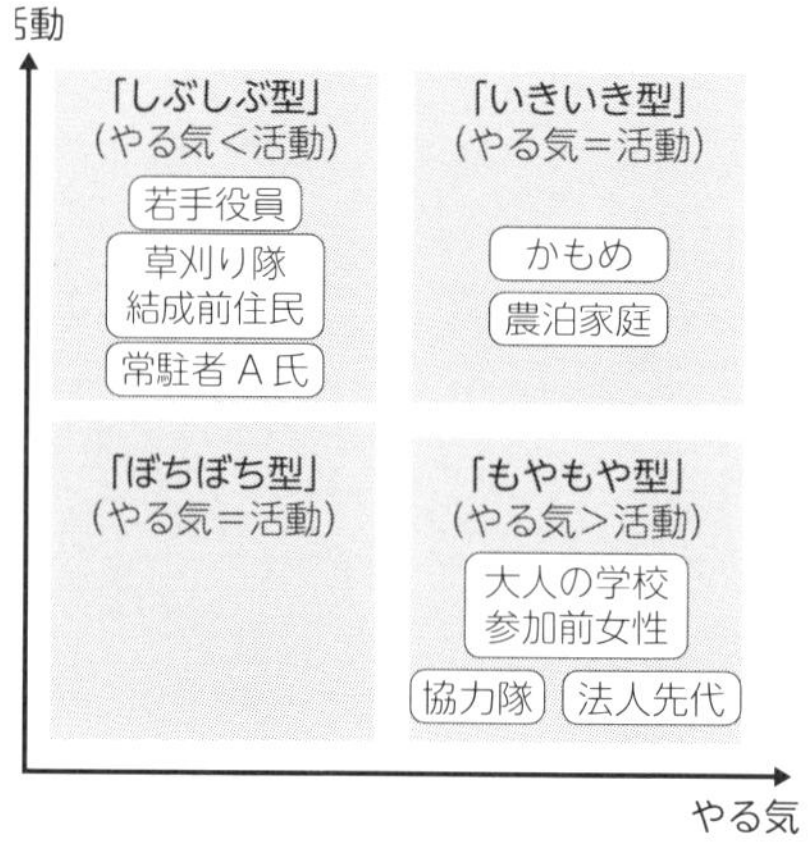

活動
「しぶしぶ型」（やる気＜活動）
若手役員
草刈り隊結成前住民
常駐者Ａ氏
「いきいき型」（やる気＝活動）
かもめ
農泊家庭
「ぼちぼち型」（やる気＝活動）
「もやもや型」（やる気＞活動）
大人の学校参加前女性
協力隊
法人先代
やる気

図 10-1　やる気と活動の４類型と各事例の位置づけ
（筆者作成）
注：途中で活動ややる気が変化した事例は、当初の状態を前提に分類している。

以上のようなやる気と活動の組み合わせを整理したのが、図10－1である。やる気もあり、活動量も多い「いきいき型」、活動に対してやる気がともなっていない「しぶしぶ型」、やる気はあるが活躍の場がない「もやもや型」、両方低い「ぼちぼち型」の4つの型を設定した。これに各章の事例を当てはめてみると、第3章のかもめのスタッフ、第5章の第二世代の農泊家庭は「いきいき型」、第2章の土地改良区の若手役員、第4章の草刈り隊のメンバー、第8章の交流施設常駐者のA氏は「しぶしぶ型」、第6章の大人の学校参加前の女性たち、第7章の地域との摩擦のなかでの地域おこし協力隊員、第9章の退任直後の集落営農の先代は「もやもや型」に区分できる。

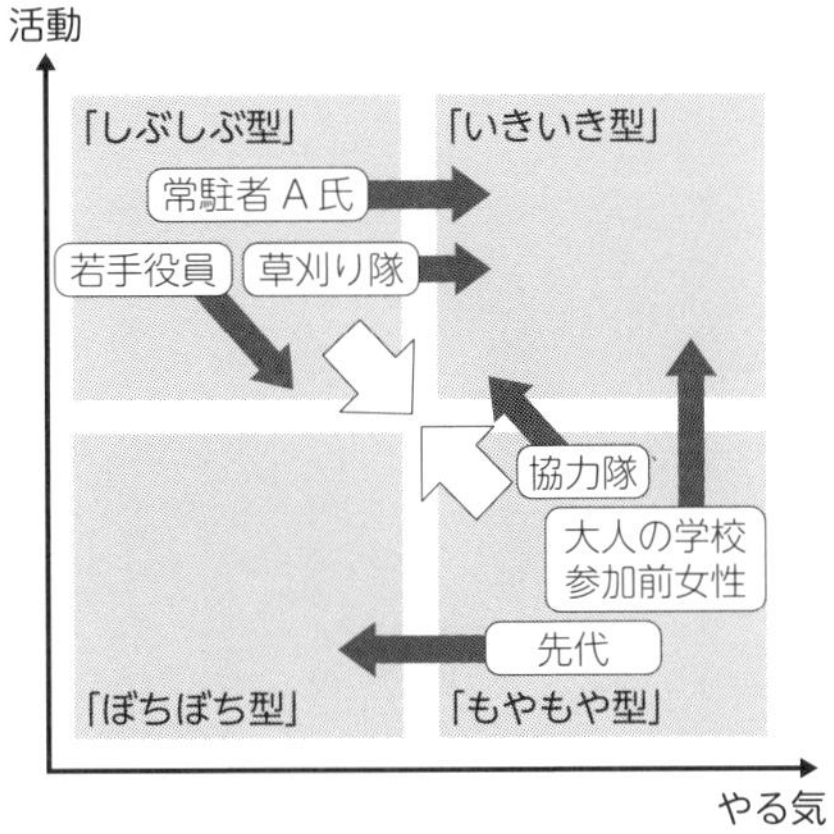

図 10-2　各事例の移動

（筆者作成）

注１：黒矢印の方向は各章での整理を基に筆者が判断したもの。
　２：白矢印は、やる気と活動の関係が、中長期的には 45 度線に収れんする大まかな傾向を示したもの。

また事例を細かくみると、1つの型から別の型に移行している事例がある（図10－2）。例えば、第4章の草刈り隊は、もともと多面的機能支払の活動組織の作業だったものが、草刈り隊となったことでメンバーのやる気が高まった。また第8章の常駐者A氏も活動を続けるなかでやる気を高めており、これらは「しぶしぶ型」から「いきいき型」への移行といえる。ほかにも、第6章の大人の学校や第7章の協力隊は「もやもや型」から「いきいき型」への移行、第9章の集落営農の先代は「もやもや型」から「ぼちぼち型」への移行といえるかもしれない。

このように事例編では、第3章のかもめスタッフ、

第5章の農泊家庭のように、当初から「いきいき型」で活動が持続しているケースに加え、「しぶしぶ型」と「もやもや型」というやる気と活動がズレた状態から、「いきいき型」や「ぼちぼち型」という両者が一致する状態へ移行したパターンを多く取り上げたことがわかる。その際、「しぶしぶ型」であればやる気を大きくする、「もやもや型」は活動を大きくするのがセオリーだが、第7章の協力隊のケースでは、場合によっては「やる気のダウンサイジング」が有効だとされている。やる気が先行して地域との摩擦が生じていた協力隊が、関係者とコミュニケーションをとるなかで気持ちを落ち着かせ、それがあるべき活動につながっていく、というストーリーである。第9章の集落営農の先代の引退過程もそれに近いかもしれない。また唯一「しぶしぶ型」にとどまっている第2章の土地改良区の若手役員も、ギャップを埋めるための工夫をしながら、図の「しぶしぶ型」の枠内でもより右下に、すなわち活動は少なく、やる気は大きくなるような動きをしていた。

以上のように事例編を踏まえると、あるタイミングでみれば「しぶしぶ型」や「もやもや型」など、やる気と活動にギャップが生じているケースもあるが、そのギャップが継続、拡大すれば活動を続けるのは難しくなる。図に白い矢印で示したように、何らかの形でやる気と活動がバランスする45度線に近づく、言い換えると「いきいき型」「ぼちぼち型」へ移行、接近することが必要であり、様々な模索、試行錯誤が現場では行われていた。次節以降、その手法を改めて整理していこう。

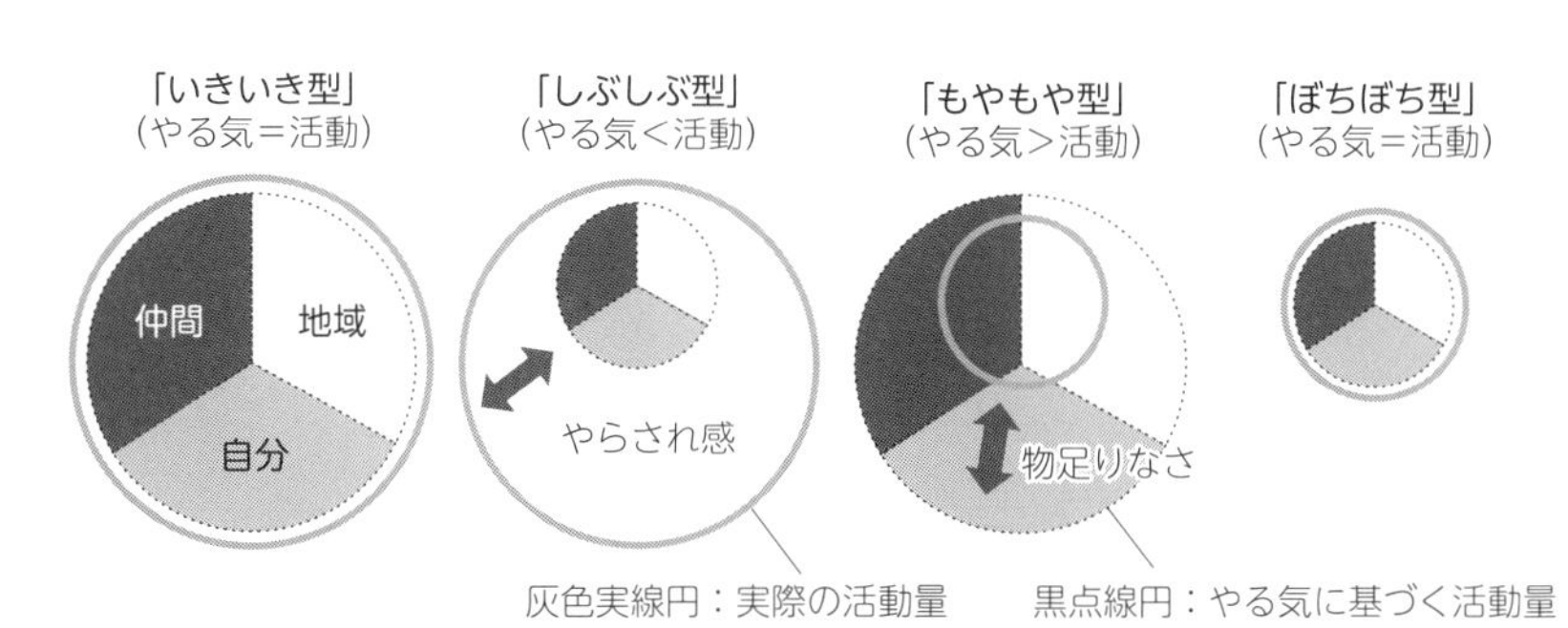

図 10-3 やる気・動機・活動の関係

(筆者作成)

注1：やる気を黒点線の円で、活動を灰色実線の円で表現している。
2：円の大きさでやる気や活動量の多寡を表現している。
3：やる気の大小を示す黒点線の円内の色分けで動機の種類を示している。

3 動機の3つの型とバランス・変化

第1章でみたように、本書ではやる気の内容、言い換えると行動、活動の目的、理由のことを動機としている。上でみた4つの型にさらに動機を組み合わせて表現したのが図10―3である。前節でみたやる気の大小には、動機の種類や構成、その変化が関わっているはずである。動機の種類については心理学で様々な研究があるが、本章では事例編を踏まえて動機の対象、すなわち誰のために活動するのかに注目する。例えば第2章の土地改良区の若手役員は営農組合の仲間のために、第3章のかもめのD氏は新しい土地で人間関係を広げたいという自身のために、第8章の常駐者A氏は「お役目」という表現で地区のためになど、それぞれ多様な対象を設定し、やる気を高めていた。

これらを整理すると、自分のため（for me）、誰かのため（for him/her）、地域のため（for us）の3つに大別できる（図10―4）。「for me」としては、第3章のかもめのD氏に加え、自身の健康がきっかけだったかもめのA氏、

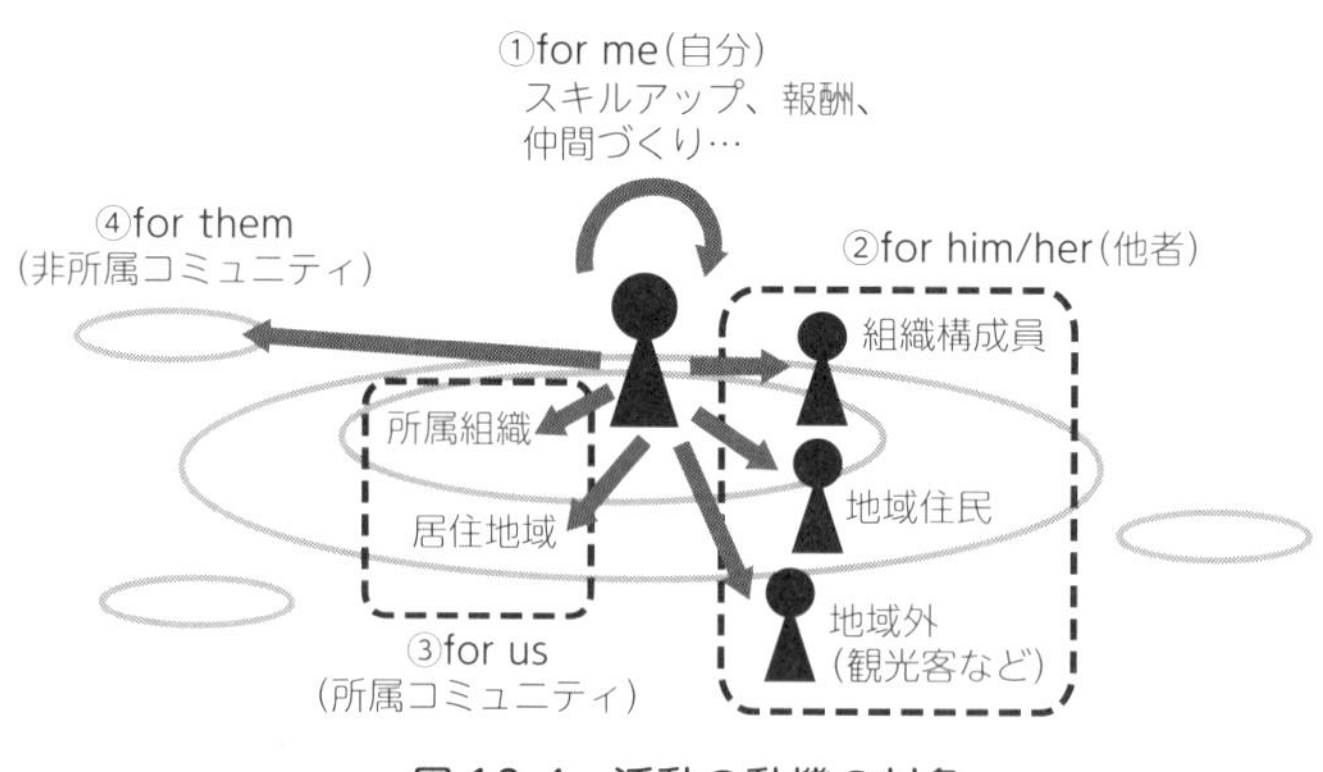

図 10-4　活動の動機の対象

（筆者作成）

交流会を楽しむ第4章の草刈り隊のメンバー、第5章で「心からの交流」という自身のいきがいを重視する農泊第二世代などが挙げられる。「for him/her」は、第2章の土地改良区の若手役員のほかに、第3章で誘ってくれたC氏のために事務局を引き受けたB氏、活動を通じて利用者のためにという気持ちが高まったかもめスタッフが典型である。「for us」としては第8章の常駐者A氏に加え、第6章で住民同士のつながりのために「まじりあう対話の時間」をはじめたあらゆかさん、第9章の集落営農の先代の3人も退任後それぞれ役割を持ち続けていた。(注1)

注目されるのは、まず「for me」がベースになっているケースが多いことである。詳しくは次章で検討されるが、第3章のかもめのように活動全体の目的としては「for us」だったとしても、メンバー個人としては「for me」で活動している場合が少なくない。第7章の協力隊のように「for me」の動機によって、本人がすすめたい活動と地域のニーズにギャップが生じるケースもあるが、基本的には所与の活動に対して上手く「for me」の動機がもてると、参加が持続する傾向があるといえる。

次に第2章の土地改良区の若手役員、第5章の農泊家庭のように、メンバーがほぼ同じ動機で取り組む場合と、第3章のかもめスタッフ、第4章の草刈り隊のように、同じ活動であっても人によって違う動機がメインとなっているケースがある。サンプルが少ないなかで断言はできないが、役員や農泊のように、組織の運営や意思決定を担ったり、生徒を預かり対価を貰うという相対的に責任が重い役職、活動だと動機が特定のものに収れんしやすく、介護予防カフェや草刈りのように、比較的気軽に参加できる活動だと、動機が分散しやすいのかもしれない。

次に動機の構成、組み合わせとその変化について確認する。第2章の土地改良区の若手役員や第3章のかもめスタッフ、第4章の草刈り隊、第8章の常駐者A氏などが典型だが、活動の動機は1つではなく、いくつかを組み合わせているケースがみられた。ただ大まかにみると「for me」「for him/her」については多様だが、かもめであれば地域の高齢者支援、草刈り隊であれば景観保全と、大義名分である「for us」がベースになっていることは概ね共通している。大小や順位の違いはあるが、第4章で述べられているように地域のためにという「建前」と、「for me」や「for him/her」の「本音」を組み合わせて、やる気を維持していくのが正解なのかもしれない。

組み合わせの変化については、活動を継続するなかで自然と変化するパターンと、やる気と活動のギャップを埋めるため、意識的に新しい動機を形成するパターンがあった。前者については、第2章の土地改良区の若手役員や第3章のかもめのスタッフが典型であり、後者については第7章の協力隊が無意識に「for me」に偏っていた割合を周囲に相談しながら修正していったケース、また第8章の常駐者A氏が意識的に仲間を取り込み、その仲間との関係性を動機としてやる気を高めていったケースが当てはまる。

4　ジョブ・クラフティングとは？

本書では、地域づくりと向き合う「普通の人」の多様なやる気と動機のパターンを紹介してきた。そのなかでも、地域づくりへの持続的な参加のためには、「しぶしぶ型」や「もやもや型」から「いきいき型」もしくは「ぼちぼち型」への移行が望まれる。特に期待されるのは、「しぶしぶ型」から「いきいき型」への移行のメソッドであろう。そこで本章では、経営組織論における「ジョブ・クラフティング」（図10−5）の考え方を参考に、この「しぶしぶ型」から「いきいき型」への移行のメソッドを組み立ててみたい。キーワードは「慣れる・つるむ・サボる」である。

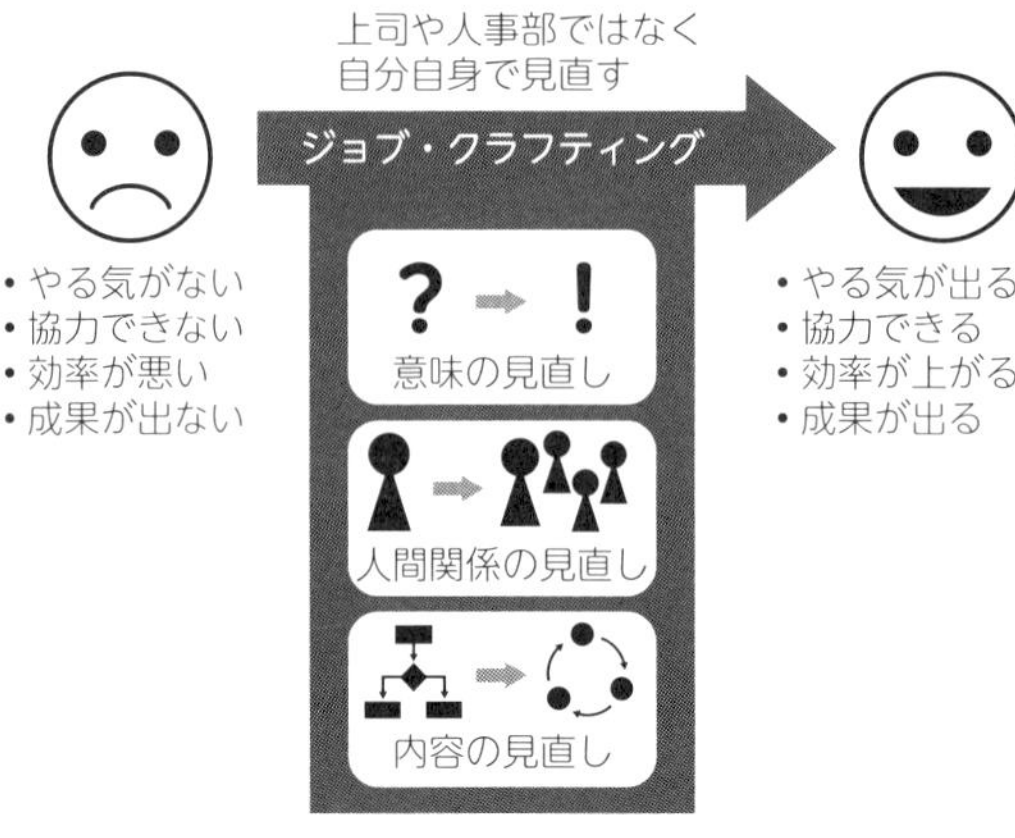

図 10-5　ジョブ・クラフティングとは？
（筆者作成）

ジョブ・クラフティング（注2）は、従業員による主体的な業務の見直しで、上司や人事部が主体の「ジョブ・デザイン」と区別される。時代の変化とともに、上司が部下に定型的な仕事を与えてこなしてもらうというスタイルでは、業績は上がらず、また従業員もやりがいを感じられず定着しなくなってきた。そこで従業員自身が主体的に仕事を設計し直し、仕事の効率や効果を高めるとともに、やりがいをもって取り組めるようにしよう、というのがジョブ・クラフティングのコンセプトである。

ポイントは、仕事の意味の見直し、仕事の人間関係の見直し、仕事内容の見直しの3つである。まず意味の見直しについては、自分に与えられた仕事が、事業、会社全体のなかでどういう意味をもっているのか、誰の役に立っているのかを確認する作業である。次に人間関係の見直しについては、相談相手や協力者を意識的に増やし、業務を効率的、意欲的にすすめる環境を整えることを指す。最後の仕事内容の見直しでは、与えられた業務をそのままこなすのではなく、より効果的な手順や方法などを自ら考え実践していく。このジョブ・クラフティングの考え方を応用し、事例編の各章にも触れながら、地域づくりにおける「しぶしぶ型」から「いきいき型」への移行のメソッドを考えてみたい。

5　葛藤を乗り越える「慣れる・つるむ・サボる」

まず意味の見直しから考える。典型的なのは第2章の土地改良区の若手役員だが、活動のなかで土地改良区の役割や意義が理解できるようになり、徐々に活動の意義を見出していた。時代や地域の環境の変化に運営の仕組みが合わなくなっている地域活動は多いが、基本的には長年続けられてきたものには一定の役割、意義があるはずである。それは外部からはわかりにくく、また就任時に

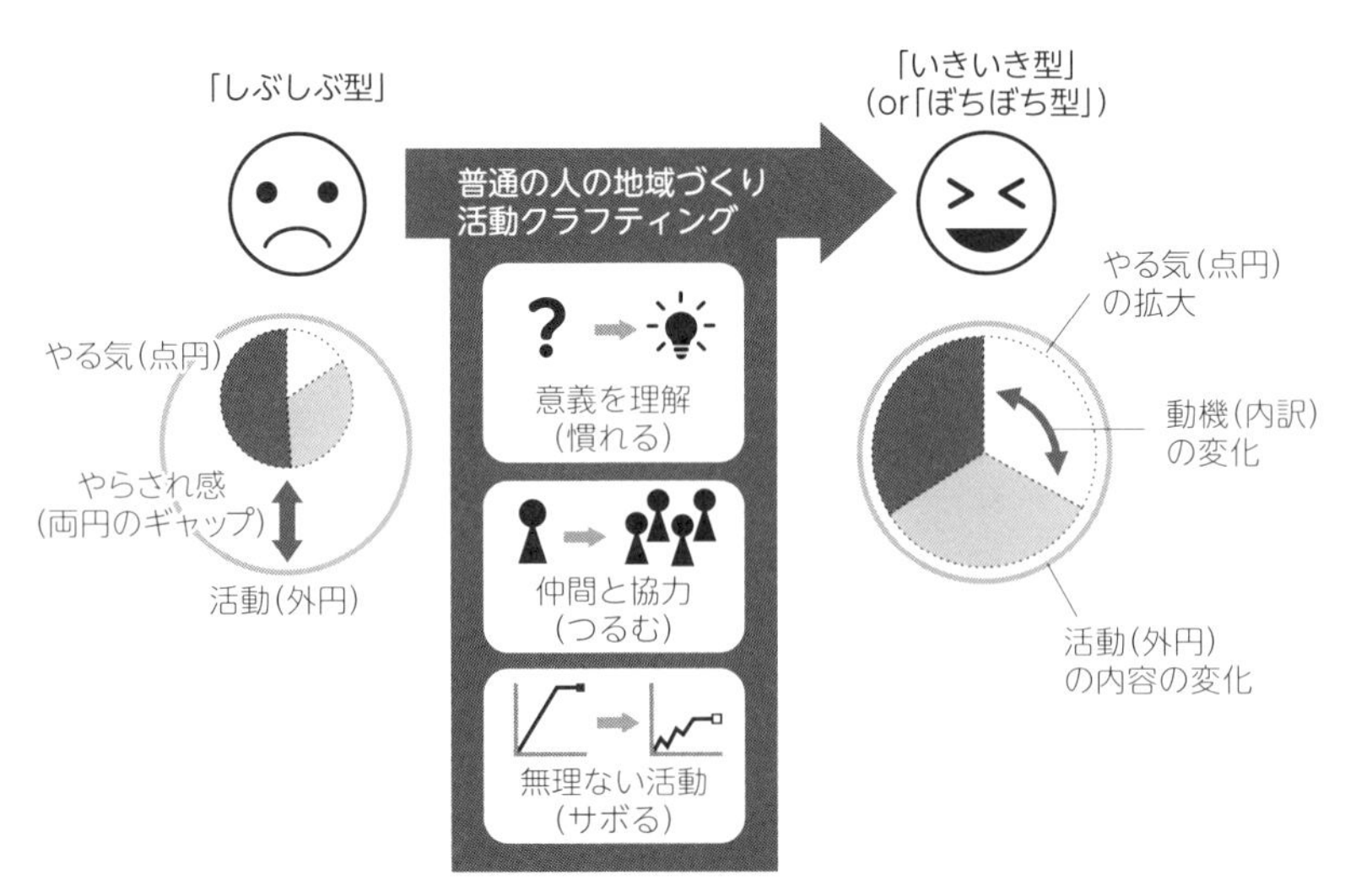

図 10-6　地域づくりの活動クラフティング

(筆者作成)

十分な説明、引継ぎがないケースも少なくないが、しばらく活動を続けていくとみえてくる場合がある。もちろん自ら積極的にリーダーや責任者に確認してもよいが、新参者の「普通の人」には難しい場合もある。日ごろの活動に慣れていくなかで、自然とみえてくるのを待つ、というのも現実的、かつ有効な対応といえるかもしれない。

次に人間関係の見直しである。事例編のなかでは、第6章で仲間を求めて「大人の学校」に集う女性たち、OBや地域リーダーに相談することで新しい展開がみえた第7章の地域おこし協力隊の2人、チームを組みそのチームとしての活動にやりがいを見出した第8章の施設常駐者となったA氏が思い浮かぶ。活動や作業に集中するよりも、同時に仲間やネットワークを意識的に充実させることで、課題を乗り越えるとともに、自身のやる気も高められる。

最後の仕事内容の見直しについては、通常「しぶしぶ型」の普通の人にはその余地はあまり大きくない。介護予防カフェで折り紙や体操など自身から提案実行していく第3章のかもめのA氏、草刈り隊で草刈り方法などを研究する第4章の入り作農家、第5章で体験する生徒に対する創意工夫にやりがいを感じる農泊家庭など、「いきいき型」の場合は積極的な活動の見直し、充実化とそれによるやる気の持続、増大という好循環がみられた。それに対し、本書では「しぶしぶ型」で自ら活動を見直していったケースはない。「しぶしぶ型」の人が積極的な仕事内容の見直しでやる気を高める、というのは一般的な対応策とはいえない。意味の見直しや人間関係の見直しで「しぶしぶ型」から「いきいき型」へ移行する可能性はあるが、本書の事例からは、主体的な仕事内容の見直しによる「いきいき型」への移行は、あまり期待できないということになる。

では意味や人間関係の見直し以外に、「しぶしぶ型」の人がそこから抜け出す手立てはないのだろうか。ヒントは、第2章の土地改良区の若手役員の行動にある。2人の若手役員は、熱心に役割を務めつつも、自分と関係が薄い活動は欠席したり、難しい話は三役に任せるなどの対応をしていた。つまり、意識的に活動量を減らす、言い換えると「いきいき型」を目指すのではなく、むしろ「ぼちぼち型」へ近づく方向でやる気と活動のギャップを埋めようとしていた。このケースを踏まえれば、活動の意味や人間関係の見直しによる「いきいき型」への移行が難しい場合、無理に「いきいき型」を目指さず、可能な範囲で活動を減らす、適度に「サボる」ことでバランスを取る選択肢もあるといえる。

なお若手役員2人は、任期は4年、8年と最初から決まっており、その任期がくるまでは我慢する、諦める、という趣旨の発言もしている。まとめとしては何とも後ろ向きだが、「慣れる・つるむ・サボる」でも整理がつかない場合、最後は「諦める」というのも「お役目」への現実的な向き合い方かもしれない。

（山浦陽一）

注

1 第7章の協力隊の2人は、本人の意識としては地域のために熱心に活動していたが、その動機は当事者のひとりとしての「for us」なのか、地域のためではあるものの外部から業務として関わっているのかが混然としている。これは協力隊の制度が任期中の「協力」とその後の定住の「二兎を追う」ことを目的としている以上当然のことだが、後者の「外部から」の動機については、本書では十分取り上げられなかった。今後「for me」「for him/her」「for us」とは別に、図10－4にも示したように「for them」も設定して検討する必要があるかもしれない。

2 レズネスキーとダットンによって2001年に提唱され、理論の精緻化が進んでいる。詳しくは高尾義明・森永雄太編著（2023）『ジョブ・クラフティング』（白桃書房）参照。

第11章

若いみんなの「自分起点」参加と欲求理論

1　若いみんなの地域づくり参加

これまで整理したように、本書では、地域づくりには3つのタイプの動機があり、その動機にもとづく前向きな気持ちの総量を「やる気」として捉え、その「やる気」と実際に「やるべき」活動の関係性から、各々の地域づくりの参加状況が理解できることを示した。

では実際、どのような気持ちで最初の一歩を踏み出せばよいのだろうか。みなさんは、自治会の集会、祭礼など伝統行事、消防団、そして地域の将来計画づくりのワークショップなど地域の活動に参加しないか、顔を出さないか、と言われたことはないだろうか。少し興味があるが、なんだか邪魔くさい、地元の人たち、年配の男の人が集まっており、自分が出る場所でないと思ったことも少なくないはずだ。地域のために汗をかくのも悪くないが、それほど意識も高くない。仕事も忙しいし、参加すると大変なことになりそうと思ったこともあるだろう。
この章では、どちらかといえば若い読者を想定しながら、どのような気持ち・動機をもって地域づくり活動に参加するのがよいか、改めて考えてみたい。

2 リアルな参加動機

繰り返しになるが、本書で前提とする地域づくり参加のスタイルは、やる気が高く、毎回必ず参加し、バリバリと活動するだけでないというものである。やる気がある時も無い時も、活動できる時もできない時もあることを前提として、自分のスタイルで参加することを推奨している。もちろん、やる気が高く、活動量も多い「いきいき型」は素晴らしい。どのような組織においても貴重な存在であり、そのような人がいてこそ組織のパフォーマンスもあがる。しかし、一方で、やる気も小さく、活動に十分参加できない人も立派なプレーヤーであり、その存在あっての地域づくりである。

こうした考えに立ったうえで、若者の地域づくりへの参加について、少し掘り下げてみたい。これまでみたように、地域づくりの参加動機は、自分のため（for me）、仲間のため（for him/her）、地域のため（for us）と分けて整理できる。しかしながら、これだけでは、具体的にどう考え、どうすれば若いみんなが気持ちよく参加できるのかわからない。そこで、若者が多く参加している地域づくり活動の現場から、彼ら、彼女らの動機を探ってみたい。

取り上げるのは神戸市内の、とある小学校区で地域づくり活動に参加する若者たちである。神戸は、港町や都会のイメージが強いかもしれないが、市の北部や西部には農村地域も広がる。そこでは既存の自治組織とは別に、若者主体でグループを結成して、地域づくりの活動をすすめている。グループの中心は20から40歳代であり、立場の違う若い人たちが入れ替わりながらも、20名ほど参加している。今回は、このグループに参加する20歳代、30歳代、40歳代の6名の男女に、なぜ参加しているのか尋ねてみた。地区出身のＵターン者、移住者、近隣居住の出身者など、地区との関係性や考え方、仕事、パーソナリティも異なる彼らだが、リアルな参加動機は、自分・仲間・地域に対応して、次の3つであった。具体的にみていこう。

①地域における自分の暮らしのため

ひとつ目は、自分の地域における暮らしのため、である。地域づくりの参加を通して、自分自身の暮らしを豊かにしたい、具体的に何かを手にしたいというタイプの動機である。具体的には、地区内で仕事を始めたい、家を建てたい、と思っているが、そのために地域内での付き合いがあった方がよい、といったような、どちらかといえば、手段的・功利的な目的がこれにあたる。この本では、自分のため（for me）として整理してきたタイプである。

②身内や大切な人のため

2つ目は、身内や大切な人のため、である。自分自身のためでなく、大事にしている誰かのため、そのことが自分の喜びになるというタイプの動機である。具体的には、子どものころお世話になっていた地区の先輩が声をかけてくれたので役に立ちたい、妻が目標をもって積極的に参加しているので応援したい、ずっと地区の活動に参加している親に勧められたのでその期待に応えたい、といったような極めて属人的な想いが聞かれた。ここで重要なのは、誰が、身内や大切な人であることであり（for you）、不特定であやふやな他者ではないところである。自身と同一化しているといってもよいぐらいであり、その点においては、ひとつ目の自分のために近い動機である。これまで、誰かのため（for him/her）と整理したものの一部ではあるが、身内や大切な人を強調するために、ここでは「for you」と示すことにする。

③自分の地域をよくするため

３つ目は、地域のため、地域をなんとかしたいから、というものである。地域づくりの活動目的そのものが自分にとっても目的で、地域のために何か力になりたいから参加するというタイプのものである。生まれ育った場所なのでよくしたい、自分の卒業した小学校を守りたい、地域の子どもの居場所をつくりたい、といったような動機である。地域づくりそのものへの関心や責任感、ボランティアの気持ちが参加の動機となっている。地域のため（for us）である。

以上の①地域における自分の暮らしのため、②身内や大切な人のため、③自分の地域をよくするため、であるが、今回、若い人たちの声を聞くなかで、最初に、そして多く挙がったのは、①、②である。③は、どちらかといえば副次的に挙げられることが多かった。ある人は、ほとんど①「地域における自分の暮らしのため」であり、ある人は、①の「地域における自分の暮らしのため」が6割ぐらいのウェートを占め、残りが均等であった。また、②「身内のため・人のため」7割、③「地域をなんとかしたい」2割、①「地域における自分の暮らしのため」1割というような人もみられた。

これまで本書でみてきたように、一人ひとりをみると、動機には、強弱があり組み合わされている。しかしながら、この若い参加者の動機を聞いていくと、自分の地域における暮らしのため、身内や大切な人のため、といった、どちらかといえば功利的な動機が大きなウェートを占める人の割合が大きく、通常、地域づくりで語られるような、地域をなんとかしたいという動機は副次的かつ小さいようである。

3　動機理論に照らし合わせてみる

ところで、動機については、心理学や経営学の分野を中心に多くの研究がなされている。なかでも本書でみてきた動機と関連が深い基礎的な理論のひとつに、マクレランドが提唱した欲求理論がある。この理論では、仕事に関連する動機（欲求）を、達成動機（欲求）、親和動機（欲求）、権力動機（欲求）の3つに分けて考えている。(注) 達成動機とは、物事を自分の力でやり遂げる、困難な課題に対して成功の喜びを得ようとする動機であり、親和動機とは、友好的かつ親密な人間関係を築きたいという動機、権力動機とは、他者に影響力を行使してコントロールしたいという動機といわれている。

先ほどの若い人たちの動機を、このマクレランドの欲求理論にあてはめてみると、①地域における自分の暮らしのため、は達成動機との関連が深い。地域において自分自身が実現したい目指すものがあり、それに向かって頑張ろうというものである。②身内や大切な人のため、は親和動機と近

表 11-1　若者の参加動機と欲求理論

	達成動機	親和動機	権力動機
①地域における自分の暮らしのため (for me)	○		
②身内や大切な人のため (for you（for him/her))		○	
③自分の地域をよくするため (for us)	○	○	

（筆者作成）

い。好意的な人との関係性の維持や承認を得たいから活動しているというタイプである。③自分の地域をよくするため、は地域の課題を設定して、それを解決していこうという意味では、①と同様に達成動機にもとづくものであるし、地域のみんなで地域での交流や会話の機会を増やし、地域コミュニティを豊かにしたいという意味では、親和動機にもとづくものともいえる。なお、先の若者たちからは、具体的に権力動機に関するような考えは聞かれなかった。表11−1は、それらの関係性を整理したものである。

欲求理論で動機を探ることの面白さは、この理論で示すものが、どちらかといえば人の特性や資質に関わるものであり、そのため変化しにくいという点である。若いころに比べて考え方が変わった、なんだかあの人はまるくなった、などと長い目でみれば変化するが、短期的にはそれほど大きな変化がないのが普通である。

4　達成動機と親和動機の両輪

もしあなたが自分の目標や地域としての目標や課題、その達成感や効率などが気になるならば、達成動機が高い人であろう。そうであれば、それはあなたにとっても地域にとっても良いことである。達成動機が高い人は、基本的にずっと高い。そして、高い人の周りには高い人が集まり、その組織は高いパフォーマンスを発揮するといわれている。一方、あなたが気になるのが目標達成やパフォーマンスでなく、周りの人の気持ちであり、顔色であるならば、親和動機が高い人である。これにもとづく、人のためという動機は自分のためという動機より強い継続性をもつこともある。また、自分自身のことが先にたち、バリバリがんばっているだけの人やグループは、ちょっと疲れるかもしれない。人は一人では生きられない。周りとのコミュニケーションがうまくいかなければ、自分も組織も高いパフォーマンスを発揮できない。

そう思うと、ここで確認しておくべきポイントは、達成動機が高い人も、親和動機が高い人も、組織にはどちらの人も必要不可欠ということである。どちらかだけの組織が上手くいかないのは明白であろう。もうひとつのポイントは、あなたが、どちらが優位の人であれ、もう一方の動機にも自分自身で光をあて、それにもとづく行動をとることである。そうすることで、あなたも組織もやる気を高くもち活動を続けられるだろう。

5　継続を支える親和動機

達成動機が高いことの素晴らしさは、先に述べたとおりである。そして、自分のため、という動機もパワフルである。しかしながら副作用もある。ひとつは、バリバリがんばっても、ふと振り返ったら後に誰もいなかったという現象である。もうひとつは、何かの拍子で活動を続ける理由を見失ってしまうことである。これは活動をすすめるなかで、運よく自分の地域での暮らしのため、身内や大切な人のためといった当初目的が達成してしまった時に起こる。また逆に、その動機にそった形ですすまなくなった時、全く達成される見込みがなくなった時に心が折れるという形でも起こる。

その時に、力を与えてくれるのが親和動機である。再度、先ほどのいきいきと地域づくりへ参加する若い人たちの動機をみてみよう。彼らは、自分自身のため、大切な人のため、という動機で参加し始める。しかしながら、半年1年と活動を続けているなかで動機を尋ねてみると、別の動機が語られるようになった。それは仲間で活動すること自体が楽しいから、という動機である。具体的には、「イベントをみんなで一緒にするのは楽しい」「みんなが地元のことについて話し合っているのが嬉しい」「つながっている感じがいい」といったような意見であり、地域の様々な立場の人と力をあわせてイベントを企画・実行したり、地区内外のネットワークが広がったりすることに価値を見出している。これは、身内や大切な人のため（for you（for him/her））地域のため（for us）の一部ともいえるが分けて考えたい。誰かや地域のためという目標でなく、活動そのものが目的化した動機である。これは、まさに親和動機であるが、これが全面にでることで、活動参加が継続されているとみる。もちろん、当初の①から③の動機に関することが小さくとも達成されていることが前提となっているが、参加を続けているうちに、地域づくり活動への参加に新たな価値を見出していると理解できる。

6 自分起点でよい

本章の目的は、若いみなさんが、このような自分の動機とどう向き合ったらよいのかを考えることであった。

改めて確認すべきは、みなさんの動機が、自分のため、身内や大切な人のため、地域のためであれ、はたまた、それが達成動機、親和動機、権力動機のいずれにもとづくものであれ、自分の個人的な動機に素直に、すなわち「自分起点」で地域活動に参加すればよい、ということである。

なかでも、地域のため（for us）と、理想高く、やる気を高める必要はなく、自分のため（for me）、身内や大切な人のために（for you（for him/her））と参加してみたらよい。本書の多くの章で語られているとおりである。つまり、地域づくりは、地域に奉仕するのでなく、自分が地域でやりたい目的を実現するための手段と考えていいのである。このことは､本質的には年齢は関係ないが､特に若いみなさんには大事にしてもらいたい。仕事や生活に一生懸命で、自分のことで手一杯、時間的な余裕もないであろう。もっとも、第2章のため池管理の問題、第4章の草刈りの問題のように、地域の将来のための奉仕的な気持ち、社会的な責任感が参加の動機といった、地域のため（for us）に参加しようと思える人は素晴らしい。それも自分の動機に素直な「自分起点」と考えよう。

ただし、これらはあくまで「起点」であることに注意してほしい。地域づくりの活動とはそもそも、いろいろな動機で参加しているメンバーがいることを思い出してほしい。自分起点の参加でよいということは、理屈上は、自分以外の人々も自分起点であり、違う方向を向いていてよい、ということである。自分起点は、組織としては諸刃であることを理解すること、自分起点であるからこそ、丁寧なコミュニケーションが必要であると認識することが重要である。

もしあなたが自分の気持ちに反して地域のためだけで参加しているならば、自分自身や大切な人のためにできることを考えてみよう。あまりに地域のことを背負いだすと、本当のやる気以上に、求められる活動が増えたり（やらされ感につながる）、地域の従来のやり方や規範に押し込めようと活動が制限されたり（もの足りなさにつながる）することもあるだろう。その際には立ち止まり、「自分起点」で地域づくりへの参加の意味を捉え直してみるとよい。

「自分起点」を第一にしながらも、その動機は人によって様々であることに思いをはせること、それが、地域づくりへ参加し、活動を継続するために大事なことかもしれない。このとき、自分自身そして仲間が、達成動機優位タイプなのか、親和動機優位タイプなのか、それとも権力動機優位タイプなのか、自分とお互いの特性を理解しておくことは円滑な活動を助けるはずである。活動の目的、すすめ方、役割分担などが明確になるだろう。そして、活動をすすめるなかで活動自体が楽しみであり目的になるように、人々がもっている親和動機を満たすように心がけること、それも、紆余曲折ある地域づくり活動において大事なポイントだと思う。

繰り返しになるが、地域づくりとは、いろいろな動機ややる気をもった人が、ごちゃまぜになった活動ということを理解しておこう。また義務でもない。やる気については、自分という個人のなかでも、高い日があれば、低い日もあるのが普通である。毎日、やる気に満ちて、バリバリ動けているならば、それはそれで異常ともいえる。シビアなスポーツ競技や日々の成果が求められるビジネスの世界ならいざしらず、地域づくりは、お互いにもう少しおおらかにすすめたらいいと思う。

そうした理解のうえでもし可能なら、自分自身の動機ややる気だけでなく、周りにも目配せしながらアドバイスをしてみてほしい。無理に気にする必要はなく、自分のペースでやりたいことをやるのが第一であるが、他者と交流し、関係性を構築することは、自分とその仲間の活動参加の動機を高めることにもつながる。このような他者への眼差しは、みんなが地域の人材としてリーダーになっていくプロセスともいえよう。

なお、若い人たちが地域づくりに参加しつづけ、やりたいことを達成するためには、これまでみてきたような多様な動機や活動を抱え込むような地域づくり組織であること、つまり体制、行動規範などの活動環境の整備が必要条件である。現状の組織体制が、若い人のやる気を削ぐようなものであれば、「大人」側が体制の見直しに努力すべきだし、若いみなさんは、たとえ現状が不条理なものであっても、めげず、腐らず、地道に組織変革をすすめていってほしい。高い達成動機をもって仲間とともに地域づくり活動を続けてほしい。

（中塚雅也）

注　理論としては後に回避動機（欲求）も追加され4つとなるが、本章では初期モデルの3つを取り上げる。

第12章

「関係系」動機によるやる気の持続モデル

1　地域づくりはもう無理ゲーか？

2022年には死亡者が年間150万人を超え、2040年にはピークを迎えると推計され、[注1]少産少死社会から、少産多死社会へと移行しつつある。地域づくりを牽引してきた団塊の世代も後期高齢者になり、活動の継続が困難になりつつある。さらに、失われた30年を現役として過ごしてきたミレニアル世代（1981年から1996年生）は、経済的な課題を抱えており、独身者が多かったり、結婚していても共働きであったりと、地域での取り組みに関わりにくい状況にある。団塊の世代を中心とした動員型の地域づくりから、少人数でも回していける地域づくりへの構造転換が求められているが、[注2]数十年にもおよぶ経済的な危機の影響や地域社会の世代交代の困難さも相まって、〝地域づくりは無理ゲー〟という無理・無謀なゲームと同じような、諦めの空気も蔓延し

表 12-1　危機の時代の 4 つのやる気

ズレ・緊張系	緊張感・危機感・欠乏・心配・不安がやる気を起こす。
希望・元気印系	夢・希望・目標をもつことでやる気が起こる。
持論系	それぞれの考え方でやる気が起こる。
関係系	共同的な関係性、共感がやる気を引き起こす。

（金井〔2009〕を基に作成）

つつある。

このように高齢世代も現役世代も地域と関わりがもちにくい「社会の断片化」「ソロ社会化」(注3)がすすむ時代において、地域づくりに関わろうと取り組み始めた私たちは、どのように地域とつながり続けるやる気・意欲をもてばよいのだろうか。本章では事例編、また第10章、第11章での「やる気学」の諸概念にも触れながら、また筆者が日頃接する地域づくりに関わっている「普通の人」の発言から、そのモデルを探ってみたい。(注4)

動機の分析にあたり、組織行動学の金井壽宏の、危機の時代における4つのやる気の種類で整理することにした(注5)（表12−1）。4つのやる気とは、緊張感・危機感・欠乏・心配・不安がやる気を起こす「ズレ・緊張系」、夢・希望・目標をもつことでやる気が起こる「希望・元気印系」、それぞれの考え方でやる気が起こる「持論系」、共同的な関係性、共感がやる気を引き起こす「関係系」である。

2　予測困難な状況が生み出す「ズレと緊張感」

金井のモデルでは、危機の時代においては「ズレ・緊張系」がやる気のスターターになるとしている。確かに、複雑に入り組んだ現代社会は、常に目まぐるしく変転するため、予測困難な状況にある。予測困難さは「思っていたことと違う」という理想と現実のズレと、それにともなう緊張感を生み出し続けることになる。地域づくりにおいて、このようなズレや緊張感を生み出す、経済的・社会的・環境的・行政的・文化的要素の代表例は以下に整理できる。

まず経済的要素として、地域雇用の減少にともなう生活不安、人口減少にともなう将来への危機感、財政危機に関連した公共サービスの低下、地域産業の低迷による競争力の喪失などがある。本書では第2章の資源管理の困難化などが典型例である。次に社会的要素としては、高齢者の増加にともなう様々な負担の増加、孤立・孤独化にともなう住民間の信頼感の低下、教育や福祉の不足にともなう子育て世代や弱者層の不安などがある。第3章の介護予防や第7章の医療系の地域おこし協力隊の誘致の背景とも重なる。環境的要素としては、自然災害の頻発にともなう不安と対処、近隣環境の悪化にともなう健康への不安などがある。第4章の草刈りの困難化による景観や住環境の悪化が近い。行政的要素としては、地域政策の不透明さや一貫性のなさが生み出す将来への不安、行政の機能不全や地域リーダーへの不信感がもたらす地域全体への危機感などがある。第7章の協力隊のリアリティ・ショックが当てはまる。文化的要素としては、伝統文化の衰退にともなうアイデンティティの喪失、外部の価値観や文化の急速な流入にともなう住民間での摩擦などがある。第6章で活動の場を求める女性たち、第9章での次世代との認識のギャップに悩む元組合長が思い浮かぶ。

このように少し書き出してみるだけでも、地域づくりに関わることは「ズレと緊張系」の終わりのない、モグラ叩きのように感じるだろう。さらに、組んず解れつで、各要素が複雑につながりあっている点に、無理ゲーと感じる源泉がある。「ズレと緊張系」からくる「もやもや」が解消されることはない。

そのようななかでも、本書を手に取った多くの読者は、「なにかできることがあるはずだ」「まだ諦めたくない」という、自分の地域に対しての思いがあるはずである。予測困難さ、ズレや緊張感のなかで地域づくりに関わりはじめた人たちが、どのようにやる気を持続させているかについて、関わりの段階に応じて整理していきたい。

3　関わりはじめのきっかけ

金井のモデルでは「ズレと緊張系」がスターターだが、地域づくりにおいては、「ズレと緊張系」は容易に解消できない無理ゲーの源泉となる。そのため、地域づくりにおけるスターターとしては、ささやかな希望・夢といったやる気から「ささやかにいきいき」と始めることをお勧めしたい。例えばイベントに立ち寄ってみたら雰囲気がよく魅力を感じてさっそく自ら参加を申し出るようなパターンがこれにあたる。「とても魅力的な活動をされていたので私も一緒にしたい！　と思い、私のほうからお願いしました」「地域のイベントに出店させていただいた時に、裏方としてお手伝いしたいと申し出ました」といった、きっかけである。本書でいえば、第4章の草刈り隊、第5章の農泊家庭、第6章の大人の学校などが当てはまる。活動が魅力的だという、あなたの心の声を聞いたら、素直に一歩踏み出してみるとよいかもしれない。

他者からの誘いがきっかけになることもある。「ひとりで行きにくいから一緒に行かないかと誘われた」「子どもたちのふるさとの思い出づくりを手伝ってほしいといわれたから」「もし時間があったら立ち寄るだけでいいから」といったきっかけである。その場合、「知人からの紹介」「友人のお誘い」「家族からの勧誘」などの横の人間関係からの誘いと、「自治会長さんからの相談」「自治会長（当時）からのお声かけ」といった縦の人間関係からの声かけ・相談がある。本書でいえば前者は第4章の草刈り隊、第5章の農泊、後者については第2章の土地改良区の若手役員が当てはまる。縦の人間関係であれ横の人間関係であれ、その誘いに強制的な印象を受けなければ、あなたの能力や魅力に対しての声かけなので、素直に受けてみるとよいだろう。特に縦の関係なのにわざわざ個人的に声をかけられたり、相談されたりした場合は、あなたに適性や秘めたる才能があるのかもしれない。最初は「しぶしぶ」といった心の葛藤があっても、役に立てているかもという「いきいき」とした希望に変わっていく。

予測困難な時代において、地域と関わる際に、損得ではなく、地域づくりに対するささやかな夢・希望・目標を抱くことで、素直にやる気が引き出される。

4　関わることへの葛藤

とはいえ、関わることに対して葛藤は常にある。物理的、精神的な負担がネガティブな、「しぶしぶ」な感情（ズレ・緊張系）を生むケースとしては、例えば、第2章の土地改良区の若手役員が活動量や制度理解の難しさを感じていたケースや、第3章のB氏が理事就任を躊躇したケース、第8章のA氏が予期せぬ形で常駐者となったケースなどに代表される。

次に成果が出るかという不安である。具体的には第7章のリアリティ・ショックに悩む協力隊員や、第9章の集落営農の世代交代後の元組合長などである。このような「もやもや型」の感情も生じるが、活動に参加するなかで自然と「いきいき」とした感情が大きくなる場合も多い。例えば、「子育てでお世話になった地域の方々に、なにかお返しができることがあるのでは?と考えることができました」など、次世代や継承といった時代を超えるささやかな希望や喜びが、関わりはじめの不安を乗り越える動機づけになる。第3章のかもめスタッフが徐々に利用者のためという動機が大きくなっていったケースもこれに該当する。関わりはじめは、人間関係の不安や自分自身の不得手は誰もが感じることなので、葛藤を感じた際は、ささやかな希望や喜びの気持ちをみつけてほしい。

活動に慣れ一定期間関わり続けるなかでのネガティブな感情（ズレ・緊張系）が生まれる場合もある。例えば、直接的な批判に対する感情である。活動をよいと思っていない方がいたり、「そんなことしても意味がないよ」などといわれることもあるかもしれない。事例編でも例えば第7章の着任当初の協力隊などが当てはまる。また、成果が現れにくいことに起因する「もやもや」が続くという緊張系の感情もある。第8章の施設運営などである。言うまでもなく、なにかに取り組めば、批判や非難（ズレ・緊張系）は生まれるものである。それは自然なことであり、第2章の土地改良区の若手役員のように一人で抱え込まず、仲間と共有し、諦めにのみ込まれぬように関係性のなかで言語化して確認し、消化していくことが、活動を続けるコツといえる。仲間ではない他者の存在

（for them）を意識しすぎると、緊張感・危機感・欠乏・心配・不安が生まれるが、仲間との関係性を中心におくことで、やる気を持続させることができる。例えば、「ちゃんと役にたてているのか、間違った発言はしていないか気になるときがあります。そういうときは、反省会や意見交換会等のときに相談するようにしています」というように、仲間に相談することを通じて生まれる共感がやる気を持続させるケースもある。喜んでもらえる人たちがいる、悩みを打ち明けられる人がいるという共感を通じて、for you や for us の感情が起こり、関わり続けるやる気を回復させることもできる。

このように関係性を意識することでやる気が回復することもあるが、他方で主体的な考え、持論をもって調整することもできる。

まず、時代を超えた帰属感からくる持論（for us）がある。具体的には、第2章の若手役員が先人たちの資源管理に対する思いを認識したり、第8章のＡ氏の「お役目」という表現、「関わるものやコトは、先人から引き継がれてきたものでそれを未来につなげなければならないという気持ちを、他人事にしてはいけない気持ちをやる気に変えています」といった持論がこれにあたる。

次に、具体的な誰かのためにという利他性（for you）にもとづく持論がある。第3章のＣ氏がかもめ代表のＢ氏のために、という持論や、「回りの笑顔をみることによって自分も笑顔で活動できる。それがやる気につながっていると思います」「この活動で喜んでくれている方やイベントなどに来てくださった方が楽しい！　と思ってもらえているので私もがんばれています」といった持論である。

最後に、自己決定的な持論（for me）もあった。第5章の農泊家庭が「心からの交流」をやりがいにしていた持論や、「『自分のため』ではなく『誰かのため』に動くこと。でも『誰かに評価してもらう』のではなく『自分が納得』するために活動することを心がけています」といった持論である。多様な主体と関わるなかで、自己決定を失わないように常に自分の選択権をもつことも続けるコツなのかもしれない。

5　無理ゲー化のなかでのやる気の持続モデル

本章では、地域づくりが無理ゲー化しつつあるなかでも、どのようにズレや緊張を回避しやる気を持続させるかを、事例編を振り返りながら検討してきた。最後にそれをモデル化して、まとめに代えたい。

金井のモデルでは、組織行動におけるズレ・緊張系をスターターとして、「希望・元気印系」でサステイン（持続）して、持論で自己調整する。これは危機感や問題意識の強い組織のリーダーを意識したモデルといえる。特にズレ・緊張系をスターターとする点は、リーダーシップがもつ、「このままではだめだ」という批判的精神が影響している（図12−1左）。

一方で本章の検討から、「普通の人」の地域づくりでは、ささやかな「希望・元気印系」をスターターとして関わりはじめるが、地域課題解決に対する成果が見えにくいため、関係性でサステインして、持論で自己調整するモデルがフィットする（図12−1右）。はじめる際に葛藤があっても、

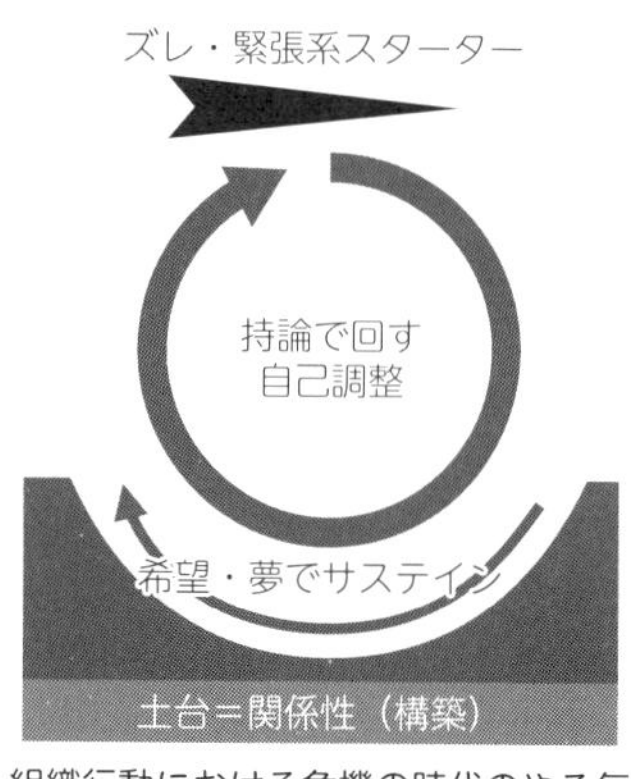

図 12-1　やる気の持続モデル

資料：前掲金井〔2009〕39 頁、図 6 を参考に作成。

ささやかな「希望・元気印系」をスターターとして、気楽に関わりはじめた人はやる気が続いていく。続けるなかでは、地域での交流関係性のなかにやる気を見出し、そのやる気を自己調整しようとする持論をもつことが有効である。逆に、課題や地域社会に対する問題意識など、ズレ・緊張系の気持ちについては、直視しすぎず、仲間との関係性のなかで受容し対処することを勧めたい。そして、関わり続けるために自己調整する軸は、地域や次世代のためにといった帰属感からくる持論（for us）でもよく、具体的な誰かのために利他性（for you）にもとづく持論でもよく、自己決定的な持論（for me）でもよい。これは状況のなかに、ささやかな「希望・元気印系」を見出す、一般のメンバーや非リーダーが生み出しやすい、関係性傾向といえる。

　この2つのやる気モデルの大きな違いは、やる気を持続させる受け皿となる土台（エコシステム）との関係性にある。リーダーにとっての土台は関係性だが、関係性は動かしやすく可変的なため、「希望・元気印系」を生み出す源泉となる。他方一般のメンバーにとって、土台であるズレ・緊張系の環境は簡単には改善できず、受容すべき固定性をもつ。この固定的でネガティブな要素ではなく、関係性というポジティブな要素に着目することで、地域づくりへの持続的な関わりが成り立つのではないか。

関係性の質は、組織的な成功の原動力になると考えられている。[注6] 人間関係の質が高まると、思考の質も向上し、行動と結果の質も高まる。質の高い結果を達成することは人間関係の質によい影響を与え、成功の原動力となる。この関係性重視の考え方から、近年のリーダーシップ研究のなかで、単独で変革を起こすリーダーではなく、他者にシステム内での役割を認識させ、協力して変化を促すシステム・リーダーシップが注目されている。そのコア能力としては、①システム全体を理解する力、②生成的な対話を通じて他者との関係を築く力、③共に未来を創造する力が挙げられる。これらの能力は、多様な視点をもつ人々との協働を通じて育成が可能であると考えられている。[注7]

関係系によりやる気を持続させることで、地域社会の複雑性を緊張・ズレとして受容することができ、さらに「新しい課題のつながりがみつかり、システム全体への理解が深まったね」と、ポジティブに解釈することで（①）、「ぼちぼち」活動を継続していくきっかけになるかもしれない。この理解を土台に、協働のなかで②の関係を築き、結果的に③も備えるようになれば、協力してシステムに変化を促していける。つまり、関係性でやる気を持続させることは、組織的な成功の原動力となる重要な心理的資本となるだろう。

「人は極端になにかをやれば、必ず好きになるという性質をもつ」ため、「本来は、やさしいことはつまらぬ、むずかしいことが面白い」と思う感性がある。[注8] 動機を「希望系」から「関係系」へ移行しながら、地域づくりの難易度の高さが生み出す、ズレや緊張感をシステム全体の理解が深まったとポジティブに土台として受容し、持論で自己調整していくことが、地域づくりに関わり続け、地域が好きになるコツといえるのではないか。

（内平隆之）

注

1 国立社会保障・人口問題研究所（２０２３）「日本の将来推計人口」

2 佐久間康富・柴田祐・内平隆之編著（２０２３）『少人数で生き抜く地域をつくる：次世代に住み継がれるしくみ』学芸出版社

3 荒川和久（２０１７）『超ソロ社会「独身大国・日本」の衝撃』ＰＨＰ新書

4 文章中にでてくる鍵カッコ書きの発言は、筆者がアドバイザーとして関わっている地域づくりイベントのスタッフに参加のやる気や動機についてヒアリングしたものである。

5 金井壽宏（２００９）『危機の時代の「やる気」学』（ソフトバンククリエイティブ）

6 ダニエル・キム（２０１８）「What is Your Organization's Core Theory of Success?」、https://thesystemsthinker.com/what-is-your-organizations-core-theory-of-success/（２０２４・11・25最終確認）

7 ピーター・センゲ、ハル・ハミルトン、ジョン・カニア（２０２１）「システムリーダーシップの夜明け：変化を起こすのではなく、変化が生まれるように導く」https://ssir-j.org/system_leadership/（２０２４・11・25最終確認）

8 岡潔・小林秀雄（２０１０）『人間の建設』（新潮文庫）

第13章

リーダーの4つの役割と「やる気学」の未来

1　地域リーダーへのメッセージ

本書のテーマは、カリスマリーダーやスーパー公務員ではない「普通の人」の地域づくりだった。活動に必要なスキルや事業のアイデアではなく、参加する動機ややる気を議論の中心に置いた。前半の事例編の各章では、地域づくりの様々な分野で、普通の人が活動や組織にどういう動機で向き合い、やる気を出し、保っていたのかを検討した。後半の考察編では、事例編を踏まえて、普通の人自身がどう自分の動機ややる気を調整し、活動を持続させるか、その手法、考え方を提案した。最後に本章では、コンセプトを逆転させ、リーダー側がどう他のメンバー、普通の人に向き合えばよいかを考える。

ここまでの分析を通じて、普通の人自身が、自ら活動の意味を見直したり、仲間との関係を通じて動機を形成しやる気を高められることがわかってきた。さらに第10章では「活動クラフティング」として、活動内容を調整、アレンジする可能性についても触れたが、基本的に普通の人自身、特「しぶしぶ型」の人が活動内容の変更を提案、実践することは簡単ではない。組織の活性化、活動の成功のためには、リーダー、マネージャーが普通の人の動機ややる気に配慮した組織運営、プログラムの企画、設計をすることが求められる。

本章では、まず第2節で考察編の内容を整理し、改めて「やる気学」のポイントを抽出する。第7章の地域おこし協力隊や第9章の集落営農の先代のように、場合によってはやる気を落ち着かせる、小さくする方向での調整が必要になる場合もあるが、基本的にはメンバーのやる気を高めることがリーダー側の役割であろう。結論を先取りすれば、そのためのポイントはまず活動の意味の理解、仲間づくり、内容の魅力化の3点に整理できる。さらにこれら3点は、リーダーや組織から与えられるだけでなく、メンバーが自ら主体的、能動的に納得し、充実させることでより成果につながりやすくなる。

第3節では、この4点を意識して、リーダーが組織運営やプログラムの企画、設計で気をつけるべきことを検討する。その際、参照するのが事例編の各章末に置いたコラムである。コラムでは、取り上げた事例のリーダーや組織側が普通の人の動機ややる気にどう向き合っているのかを紹介している。その内容を基に、あるべき組織運営やプログラム企画のすすめ方について考える。

最後に第4節では、学問としての「地域づくりのやる気学」の今後の研究課題についても触れてみたい。本書は実際に地域づくりに参加している「普通の人」を主な読者として想定して編集、執筆したが、その過程で学問としての地域づくりのやる気学の意義と今後の研究課題も浮かび上がってきた。筆者たち自身の今後の宿題として、それらの点に触れ、本書を閉じることにしたい。

2 やる気を発生・持続させる4つのポイント

(1) 考察編各章の分析結果

考察編では、事例編の各章の内容を踏まえて、3つの章でそれぞれやる気を生み持続させるポイント、モデルを検討した。

まず第10章では、活動とやる気の関係を4つに分類し、中長期的には活動とやる気がバランスする「いきいき型」もしくは「ぼちぼち型」へ移行すること、動機については対象に注目してfor me、for him/her、for usの3つに分け、活動分野や段階によって三者のバランスは可変的かつ多様であることを明らかにした。その上で、「ジョブ・クラフティング」のフレームを参考に、「意味の見直し」「人間関係の見直し」「内容の見直し」の3つの実践を提案した。ジョブ・クラフティングは、企業経営において従業員の意欲や成果の向上を目的に開発されたフレーム、考え方で、上司や人事担当が行う「ジョブ・デザイン」ではなく、従業員自らが行うことに意味があるとされる。それを援用し、地域づくりの分野でもリーダーではなく普通の人が自分で行うことがポイントであるとした。自らが主体的、能動的に取り組むことで、見直した結果だけでなく、見直しの過程そのものが活動に対する動機を生み、やる気を高める効果がある。

第11章では、主な対象を若者に絞り、活動への参加、持続の動機を検討した。まず第10章で整理したfor me、for him/her、for usの3つで考えると、若者の動機は前二者のボリュームが大きく、for usをメインとするケースは多くない。次に、若者の動機を「欲求理論」に照らし合わせると、達成動機、親和動機、権力動機のうち前二者が中心で、他者に影響を行使して支配したいという権力動機は確認できなかった。権力動機が弱いのは、営利を目的とせず関係も緩い地域づくりという分野、またフラットな関係を重視する近年の若者世代という属性、両面が作用していると考えられる。なお達成動機と親和動機を比べると、達成動機はやる気の波が起きやすく、親和動機のほうが安定しやすい。したがって、活動の持続のためには親和動機を重視し、仲間づくりや協力関係の強化が重要になる。また親和動機は活動の成果ではなく、活動そのものの楽しさや面白さが動機になる、という性格ももっている。モチベーション論では、動機づけが内発的か外発的かの議論があり、そこではゲームやスポーツなど、活動そのものの魅力が動機づけとなる内発的動機づけが、より強力で持続的であるとされる。

第12章では、組織行動論の金井モデルを参考に、地域活動への参加・持続のプロセスモデルを提示した。まず参加のきっかけについては、仕事や宿題などだと、叱責や成績の低下などに対する危機感、緊張感が行動のきっかけになる。地域づくりでもリーダーの場合は、過疎化や生活インフラの脆弱化などの地域課題が活動のきっかけ、「スターター」になりうるが、普通の人にはテーマが重く、ハードルが高い。むしろ活動が楽しそう、やってみたい、という素朴でささやかな興味や希

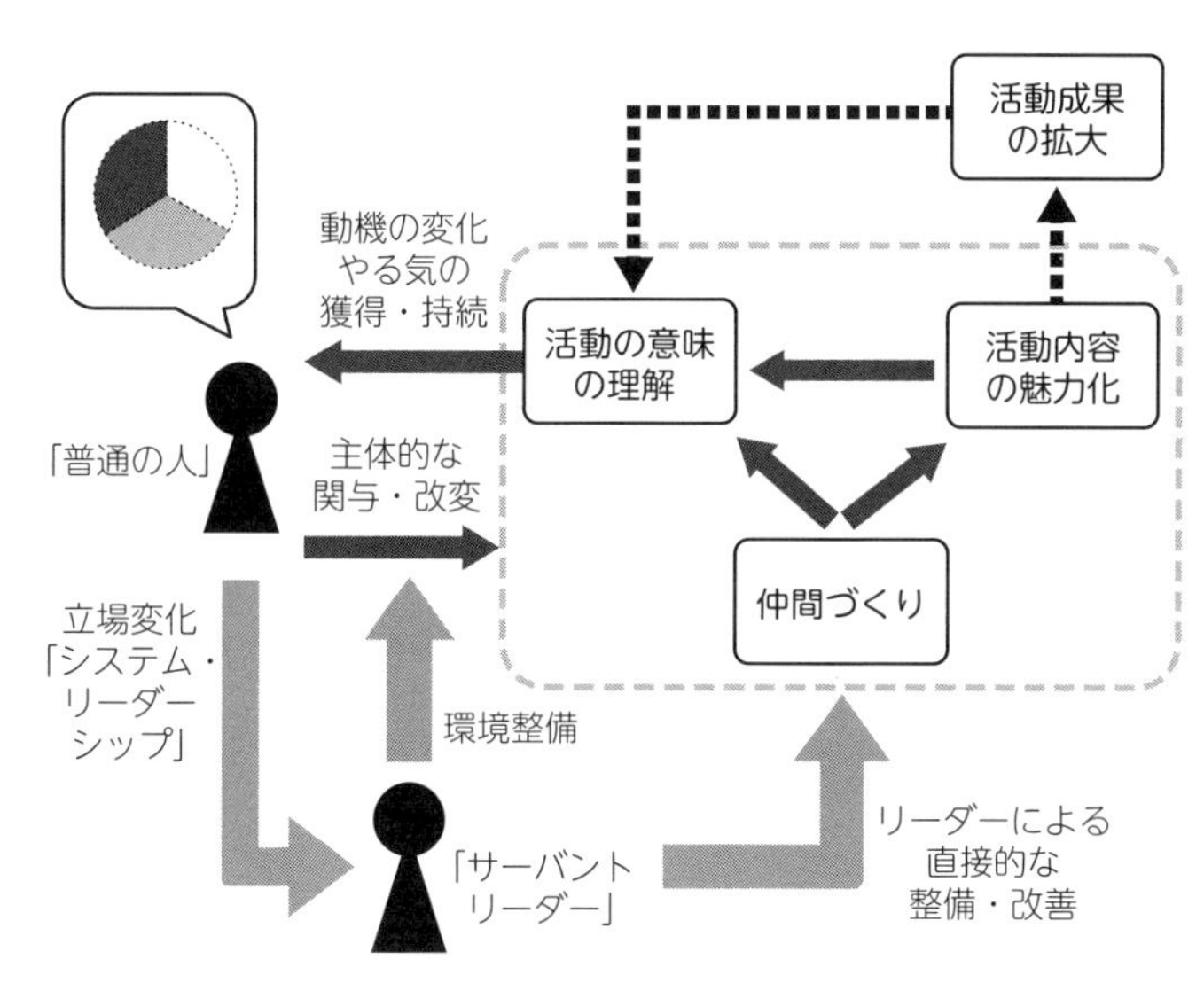

図 13-1　やる気向上のポイントとリーダーの役割
（筆者作成）

望で参加してみるのがよい。次に活動の持続のためには、リーダーであれば自身の能力を活かす有能感や課題を解決する達成感などの前向きな気持ちが動機になりうるが、これも普通の人には真似ができない場合がある。むしろ「無理ゲー」化した地域づくりのなかで、課題の解決、達成が難しくても、仲間との関係に喜び、楽しみを見出すことで活動が続けられる。この参加や持続の動機を誰かに外から与えられるのではなく、「持論」として自身の内なる意志と理論で発生、調整させるのが3つ目のポイントであり、これはリーダーも普通の人も共通する。

（2）普通の人のやる気向上モデル

以上、考察編の第10から12章の内容を振り返ったが、そのポイントをまとめたのが図13−1である。図の左の「普通の人」を起点に見ていこう。普通の人のやる気の獲得、持続には、活動の意味の理解、仲間づくりなどの活動する環境の整備、活動内容そのものの魅力化の3つが必要である。それは外部から与えられるよりも、普通の人自身が主体的に関与して形成、強化することが重要である。仲間づくりなどの活動環境の整備は、活動のメンバーや相談相手の確保という点で活動の魅力化に関わり、「for him/her」の強化として活動の意味にもつながる。活動の魅力化はやりがいや楽しさを通じて活動の意義を高める。また活動成果の拡大を通じても、やりがいや達成感によって意義を高めうるが、難易度の高い課題の場合、この経路は期待できないこともある。

このようなモデルを想定した場合、リーダーがすべき行動は大きく2つに分けられる。まずは図でリーダーから上に伸びる矢印、すなわち普通の人が3つの要素を主体的に変革するための環境整備である。この場合、リーダーは前に出ず、普通の人が自ら行動し成果を出せるような後方支援が役割となる。(注1) もうひとつは、リーダーから右上に向かう矢印で、リーダー自身が3つの要素に直接働きかけ、改善する。メンバーのやる気の向上には、理論上は前者がより有効だと考えられるが、例えば「しぶしぶ型」や「ぼちぼち型」のメンバーが多い場合など、後者が必要な場面が出てくる。次節では、このリーダーが取るべき2つの行動について、各章のコラムを振り返りながらさらに考えてみたい。

3　リーダーに求められる役割

（1）組織・活動の意味の理解促進

前節でみた4つのポイントのうち、まず活動の意味の理解については、第2章、第3章、第5章、第7章のコラムが取り上げている。第2章のコラムでは、土地改良区の組織としての役割や事業の実績、運営の仕組みを周知するため、歴史を知る先人を招くなどして、その機会をもつことを提案していた。第3章では、介護予防や生活支援を担うかもめ設立に向け、まずは身近な家族や自身の介護の問題（for me/him/her）から入ることで関心を高め、その解決策として地域ぐるみの活動の有効性（for us）を解説するという、全6回15時間に及ぶ丁寧なセミナーの開催、さらにあえて手間のかかる訪問調査をすることで、for him/her の動機を生んでいた。第5章では、農泊研究会会長の宮田氏が会員の農泊家庭に対して、各自の当たり前の生活が客には魅力である点を繰り返し強調し、自信を与え活動に引き込んでいた。第7章のコラムでは、無意識のうちに生じる地域おこし協力隊員の活動と地域のニーズのギャップ解消のため、受け入れ地域や行政サイドによる協力隊員のやる気と、動機の確認と調整を提案していた。基本的には地域のニーズやスピード感に、協力隊のやる気や動機を合わせていくことでギャップを解消し、協力隊の本来のパフォーマンスを引き出すことを目指す。

以上を整理すると、考察編の第11章、第12章が指摘するように、まず活動に参加する動機としては for me や for him/her などの功利的な動機がイメージしやすく、あまり最初から大義名分（for us）を強調しすぎないことがポイントといえそうである。他方で地域での役割や活動の意義なども、過度な負担や責任感を生じさせない自然な形で共有していく必要がある。例えば近年自治会の「教科書」やガイドブックを作成し、移住者に配布する事例が増えているが、土地改良区をはじめ、他の地域組織でも同様のアイデアの導入が期待される。(注2)

（2）仲間づくりによる活動環境の整備

仲間づくりについては、第4章、第6章、第8章のコラムが取り上げている。第4章では、草刈り隊のリーダーは作業後の交流会を重視していた。作業後に毎回食材など持ち寄りで開催され、作業に参加していないメンバーにも声をかけ、その楽しさが多くのメンバーにとって参加継続の動機となっていた。またその場が草刈りのノウハウの共有、さらに移住者や入り作農家にとっては住民との人間関係形成の場にもなっていた。第6章が取り上げた「大人の学校」は、「まじりあう対話の時間」や「アウトプットデー」のコアメンバーなど、メンバー同士で自然と交流し仲間やサポーターがみつかるプログラムが準備されていた。

第8章のコラムでは、仲間づくりのためのプログラムの必要性が述べられていた。交流施設の常駐者A氏は、移住後にまず集落の隣保班長、介護予防サロンのスタッフ、そして地域運営組織の活動サポーターと各種の役職を経験し、そこでの人脈から交流施設運営のチームを形成していった。そのチームの存在が、思わぬ役職を担わざるをえなくなったA氏のやる気を支えたことから、地域リーダーや行政サイドが各種の地域活動にネットワーク形成を意識的に組み込むことが提案されている。またコラムにはないが、第3章のかもめカフェは、集落ごとにチームをつくり交代でカフェ運営を担当するため、気心の知れた集落の人間関係のなかで体調不良や急用などへの対応ができていた。

これらをまとめると、リーダーにはメンバーが円滑に活動するための出会いの創出の仕組みづくりが期待される。出会いの場については、作業後の交流会や、活動や作業はなるべく小さなチームごとに行う、普段別々に活動しているチーム同士の情報交換の機会をもつなどのアイデアが有効である。

（3）活動内容の魅力化

活動内容そのものの魅力化に関連するアイデアは、第2章、第5章、第9章のコラムが取り上げている。まず第2章のコラムでは、役員の増員による一人当たりの負担軽減を提案していた。少数の役員で多くの役割を担うのではなく、例えば書記や会計など、これまで一人で対応してきた役職を複数制にして、チームで作業を引き受ける。この増員は一人当たりの負担軽減だけでなく、上述した活動環境の改善のための人的ネットワークの広がりも期待できる。例えば仲間同士で一つの役職を担当するなど、特にこれまで役員を担うことの少なかった女性や若者の抵抗感を和らげ、やる気を引き出すための仕組みとして期待される。

第5章の研究会会長の宮田氏は、上述したように農泊家庭を励ますだけでなく、関係機関に規制緩和を働きかけ、農泊家庭の負担軽減を実現していた。さらに第9章のコラムでは、集落営農の先代の組織を思うが故の大きすぎるやる気の調整のため、早い段階からの引継ぎの開始と、交代後は本人が「もやもや型」の葛藤を感じない監事や顧問などの適切な出番、役割の確保が提案されている。

活動内容の魅力化というと、メンバーが今まで以上に活躍するプログラムを準備し、活動量を増やすことをイメージするが、各コラムでは活動の発展、拡大というよりも、物理的、精神的な負担軽減や、立場、役割が変化する際の円滑な移行について取り上げていた。人口減少や高齢化がすすみ参加者の母数が限られるなかでも、従来の仕組みをそのまま踏襲している組織、活動も多い。リーダーには活動の積極的な魅力化だけでなく、まずはスリム化により、身の丈に合った無理のないプログラムに修正することが求められているといえる。

(4) 主体的な働きかけの促進

最後に、メンバーの主体的な働きかけを取り上げたのは、第3章と第6章のコラムである。まず第3章について、かもめ会長のC氏の口癖である「無理せんといて」は、リーダー側からは過度な指示や依頼をせず、メンバー側に活動量や分野の選択を委ねる表現である。そのことがスタッフの心理的な負担を軽減し、自分のペースで主体的に活動に参加できるようになる。それだけでなく、かもめの事務局を引き受けたB氏のように、メンバーを思いやるC氏のために、という「for him」の動機を生じさせ、さらにA氏やB氏のように自身の判断でカフェに付帯するプログラムの創意工夫に力を入れ、より活発な活動を実現していた。本来「無理せんといて」は活動を減らす方向の言葉だが、それがＣ氏から発せられると、逆にメンバーの主体性や積極性を引き出す魔法の言葉になる。

第6章の「大人の学校」は、学びあいをコンセプトとし、受講するだけでなく自らも何らかのプログラムを企画運営することが前提とされており、参加者全員に出番がある。それだけではなく、上述したように「まじりあう対話の時間」や「アウトプットデー」などでネットワークが形成され、そのつながりのなかでも役割がみつかる仕掛けとなっていた。やる気があってもそれを十分活かす場がない「もやもや型」の人にとっては、自然と出番がみつかり、いきいきと活動できる魅力的な仕組みとなっている。

またコラムでは直接述べられていないが、第5章の安心院の農泊では、衛生管理や安全管理についての基準、手順は研究会として共有されているが、体験メニューや料理の内容などは各家庭に任されており、その裁量と相互の切磋琢磨が各農泊家庭のやる気にもつながっている。

以上をまとめると、意味の理解、仲間づくり、内容の魅力化についてリーダーができることもあるが、メンバーが自身の意志とアイデア、経験を基にすすめるとより成果が大きく、リーダーにはそのための環境整備が求められる。その際、制度や仕組みの整備も重要だが、同時に日常の何気ない声かけでもメンバーのやる気や行動が大きく変化することも意識したい。

4 「地域づくりのやる気学」の課題

（1） やる気学の次のテーマ

最後に本書全体を振り返りながら、「地域づくりのやる気学」の今後について考えてみたい。まず、地域づくりをテーマにした数多ある研究のなかで、リーダーではない「普通の人」のやる気や動機に焦点を当てた研究は多くない。企業経営、ビジネスの分野では、従業員のモチベーションは重要な研究テーマとして多くの蓄積があるのに対し、なぜ地域づくり分野ではこれまで十分議論されてこなかったのだろうか。

背景には、地域づくりのイメージが関わっていると考えられる。PTAなど一部の分野、組織を除けば、地域での活動は従来からポジティブなもの、当事者のひとりとして主体的、積極的に関わりたいもの、少なくとも参加している人は趣旨に賛同し、いきいきと取り組んでいると理解され、消極的な側面に十分光が当たってこなかったのではないだろうか。[注3]

しかし本書でみてきたように、実際には活動に参加していても前向きな人ばかりではなく、葛藤を抱えながら活動している人も多い。本書が取り上げていない分野でも、日頃の活動や組織運営のなかで、「しぶしぶ型」や「もやもや型」のメンバーを前に、悩み苦労しているリーダーも少なくないはずである。さらに、これまで地域活動の中心を担ってきた農家や自営業者、定年退職後のシニア世代、専業主婦が地域でマイナー化し、既存の仕組みでは必要な人材を確保できなくなりつつある。リーダーは、共働きの子育て世代や都会からの移住者、地区外に住む出身者、外国人など、これまで地域づくりの担い手としては意識されていなかった属性の人たちの、多様な動機と向き合っていくことが求められる。

本章では、各コラムを踏まえてリーダーがメンバー一人ひとりのやる気や動機に丁寧に向き合い、[for me] や [for him/her] も含めて、多様な動機で参加できる活動や組織運営の手法を提案した。今後の研究課題としては、例えばやる気と活動の4類型、動機の3類型の分野ごとの割合や特徴、その規定要因の本格的な分析が考えられる。また考察編で示したそれぞれのモデルやメソッドの精緻化、特に「しぶしぶ型」や「もやもや型」の葛藤、ギャップの解消のための考え方や手法の開発と定式化が期待される。

（2）「プロセス重視」と普通の人のやる気学

もうひとつ、「普通の人」を研究していく際の視点についても改めて確認しておきたい。近年地域づくりをめぐっては「プロセス重視」がいわれ、本書の執筆者も含め、多くの研究がすすめられている。[注4] それらの研究の典型例として、横軸に時間、縦軸に活動量や成果を取り、右肩上がりのプロセスのモデルが示せる。縦軸はゼロから、もしくは災害などでマイナスからスタートし、地域リーダーの活躍や外部の支援者からの働きかけによって、時間の経過とともに活動が活発化、高度化し、線は右上に伸びていく、というイメージである。リーダーや支援者からの働きかけの方法や手順は精緻化され、現実への適用もすすめられている。われわれの前書『地域人材を育てる手法』でも「ス

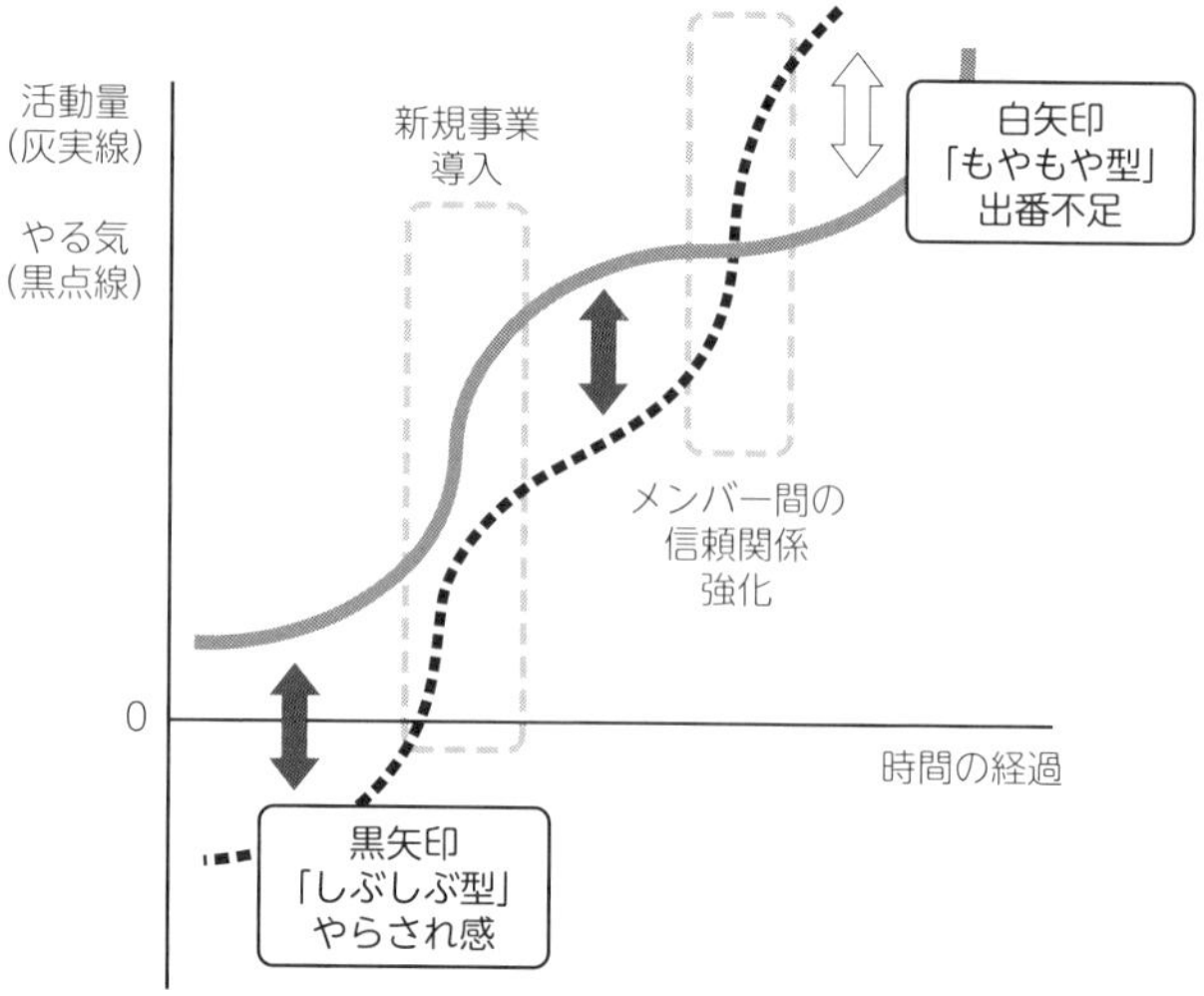

ピンオフチーム」や「地域密着型スクール」「人材プール」などによって地域人材が育成され、地域再生に力を発揮する、というモデルを示した。

この地域づくりのプロセスは、地域リーダーや行政職員、そして研究者には見慣れたビジュアル、内容で、特に違和感はないであろう。本章もそれを否定するものではないが、本書の事例編の各章を踏まえれば、そのプロセスに参加する「普通の人」は、活動の線に沿ったやる気をもっているとは限らず、やる気が活動の線から上下にズレて葛藤を抱える可能性がある。本書は、そのような整理されたグラフと実態との間の違和感、現場と研究のギャップを研究の出発点としている。それを表現したのが図13－2である。地域づくりの成功のためには、活動とやる気の線の重なりについて注意する必要があり、ズレが生じているのであれば、何らかのケアが求められる。もっといえば、第1章でも述べたように、そもそもリーダーや行政サイドがイメージする活動に、「普通の人」が無理に合わせる必要はない。場面によっては、図の黒点線に灰実線を合わせる、例えば「しぶしぶ型」から「ぼちぼち型」へ移行する形でプログラムを見直すことが求め

図 13-2 「プロセス重視」の地域づくりと「やる気学」
（筆者作成）

られることもありうる。

さらに第11章で指摘された「自分起点」と関わって付け加えれば、「普通の人」にとってみれば活動によってもたらされる成果よりも、過程である活動そのものや、その時の気持ちのほうが重要な場合がある。作業そのものが楽しい、気心知れた仲間と活動できることが重要で、活動の趣旨や結果はそこまで重視していない場合もあり、第12章が指摘したように、それこそが活動が持続する秘訣でもある。極端に言えば、「手段のためには目的は選ばない」、リーダーや行政と目的と手段が逆転するイメージである。これまでの研究は、地域や活動の成功のための「プロセス重視」だが、「普通の人」にとっては「プロセス」そのものが目的の場合があり、リーダーや行政担当者、そしてわれわれ研究者も、この点に改めて注意しながら地域づくりを考えていく必要がある。

本書では、カリスマリーダーや敏腕マネージャーではなく「普通の人」、活動や事業ではなくやる気や動機に注目することで、地域づくりの課題と可能性を考えてきた。まだ胸を張って「学」を名乗れるほどの体系性、厳密性はないが、今後も「やる気学」を深化させ、各地での地域づくりの実践に少しでも貢献していきたい。そしてその議論や実践に、ぜひみなさんにも加わってもらいたい。

（山浦陽一）

注

1　このようなリーダーの姿は「サーバント・リーダーシップ」と呼ばれ、2000年代以降、企業経営の分野では浸透しつつある。意味や実践例について、詳しくは金井壽宏・池田守男（2007）『サーバントリーダーシップ入門』（かんき出版）参照。

2 詳しくは田畑昇悟（2022）『「集落の教科書」の作り方』（農山漁村文化協会）を参照。

3 PTAの課題や改革については、例えば山本浩資（2016）『PTA、やらなきゃダメですか？』（小学館新書）、など当事者による実態の分析と改革の方向性についてのレポートが多数ある。

4 「プロセス重視」については、小田切徳美（2024）『にぎやかな過疎をつくる』（農山漁村文化協会）第4章を参照。

執筆者紹介（執筆順）　＊は編者

山浦陽一（やまうら・よういち）＊

大分大学経済学部　准教授。1979年生まれ。2007年東京大学大学院農学生命科学研究科博士課程修了、博士（農学）。（財）日本農業研究所研究員を経て2009年より現職。これまでの研究テーマは無住化集落の農地利用、出入り作、集落連携、地域運営組織など。2019年、地域運営組織の中間支援組織である（一社）コミュニティサポートおおいた設立、理事。

執筆：はじめに、1章、3章、10章、13章

中塚雅也（なかつか・まさや）＊

神戸大学大学院農学研究科　教授。1973年大阪府生まれ。神戸大学農学部卒業後、地域づくり実務に携わりながら同大学院修了、博士（学術）。神戸大学助教、准教授を経て、2021年より現職。農学研究科地域連携センター長、神戸大学連携推進本部 部門長などを兼務。

執筆：はじめに、11章

筒井一伸（つつい・かずのぶ）＊

鳥取大学地域学部　教授。1974年生まれ。愛知県豊根村で都市―農山村交流や移住者受け入れの実務に携わりながら、2004年大阪市立大学大学院文学研究科地理学専攻修了、博士（文学）。同年に鳥取大学地域学部に着任して、講師、准教授を経て、2017年より現職。2024年よりNPO法人中山間地域フォーラム理事。

執筆：はじめに、5章

柴崎浩平（しばざき・こうへい）

兵庫県立大学環境人間学部　助教。1988年生まれ。2017年神戸大学大学院農学研究科博士課程修了、博士（農学）。神戸大学大学院農学研究科特命助教などを経て2022年より現職。これまでの研究テーマは、農山村への移住促進、大学と地域の連携、地域資源（ため池など）の管理者育成など。2021年、ため池の適切な管理・活

用に向けた研究・実践を通して、ため池地域の未来を創造する「（一社）ため池みらい研究所」設立、理事。

執筆：２章

木原奈穂子（きはら・なほこ）

鳥取大学農学部　講師。１９８１年生まれ。兵庫県にて農商工連携や6次産業化の支援に携わる傍ら、２０１７年京都大学大学院農学研究科博士後期課程単位取得退学、博士（農学）。神戸大学特命助教を経て２０２０年より現職。農村での組織づくりと運営の実証研究を行う。２０２１年より（一社）協同総合研究所理事。

執筆：４章

須藤珠里（すとう・しゅり）

１９９９年島根県生まれ。２０２２年鳥取大学地域学部地域創造コース（筒井ゼミ）卒。大学2年生の時に大分県宇佐市安心院町の地域づくりインターンに参加したことをきっかけに卒業研究で農泊をテーマとすることに。現在は（株）島根銀行で勤務しながら、地元安来市広瀬町比田地区の「えーひだカンパニー（株）」で地域住民として地域づくりに携わる。

執筆：５章

中川秀一（なかがわ・しゅういち）

明治大学商学部　教授。１９６６年生まれ。名古屋大学大学院文学研究科博士後期課程単位取得退学、博士（地理学）。岐阜経済大学（現在は岐阜協立大学）経済学部助教授、明治大学商学部助教授を経て２００８年より現職。ゼミ生と横浜市のNPO Hama Bridge 濱橋会、おがの・地域ネットワークとの地域連携活動に取り組んでいる。

執筆：６章

髙田晋史（たかだ・しんじ）

神戸大学大学院農学研究科　准教授。１９８２年京都府生まれ。２０１４年京都府立大学大学院生命環境科学研究科修了、博士（農学）。神戸大学大学院農学部地域連携センター学術研究員、島根大学生物資源科学部助教、神戸大学大学院農学研究科助教を経て２０２４年より現職。学位取得後は丹波篠山市で地域おこし協力隊のコーディネート業務、ローカルベンチャーの立ち上げなどに従事。

執筆：７章、９章

安部梨杏（あべ・りあん）

神戸大学大学院農学研究科　特命助教。１９９６年生まれ。２０２４年神戸大学大学院農学研究科博士後期課程修了、博士（農学）。大分県の自治体や兵庫県丹波篠山市をフィールドに地域運営組織や中間支援に関する研究や支援を行う。２０１９年より（一社）コミュニティサポートおおいた理事、２０２４年より（一社）丹波篠山キャピタル理事、（一社）神戸大学フードコミュニティ理事。

執筆：８章

内平隆之（うちひら・たかゆき）

兵庫県立大学環境人間学部　教授。１９７４年生まれ。神戸大学大学院自然科学研究科博士後期課程修了。博士（工学）。神戸大学農学部地域連携センター地域連携研究員、兵庫県立大学環境人間学部エコヒューマン地域連携センター専任講師、同専任准教授、兵庫県立大学地域創造機構教授を経て、２０２４年度より現職。兵庫県立大学地域創生リーダー教育プログラム推進室室長として、副専攻教育プログラムを統括。

執筆：12章

地域づくりのやる気学

2025年3月5日　第1刷発行

編著者　山浦陽一・中塚雅也・筒井一伸
発行所　一般社団法人　農山漁村文化協会
〒335-0022　埼玉県戸田市上戸田2丁目2-2
電話　048(233)9351(営業)　048(233)9376(編集)
FAX　048(299)2812　振替00120-3-144478
URL　https://www.ruralnet.or.jp/

ISBN978-4-540-23170-4
〈検印廃止〉

編集・製作／(株)農文協プロダクション
印刷／(株)新協
製本／根本製本(株)

定価はカバーに表示。